Korean Gray Whale

한국귀신고래를 아십니까?

한국귀신고래를 찾아 떠나는 4만리 대장정!

이영훈 지음

저자 이영훈

저자 이영훈은 울산MBC PD로서 2004년에 HD다큐멘터리 <귀신고래(2부작)>를 제작했다. 그는 귀신고래를 촬영하기 위해 일본의 와카야마현 타이지(太地)와 미국의 캘리포니아해안, 캐나다의 벤쿠버섬, 멕시코 태평양 연안의 라군들, 노르웨이 로포튼 제도 그리고 러시아의 사할린과 베링해를 다녀왔으며 특히 러시아 사할린섬 북쪽의 필튼만 앞바다에서 한국방송사상 최초로 '한국귀신고래'를 촬영하는데 성공했다.

그는 이후로 다큐멘터리 <한반도 일만년의 고래> 3D영상 <춤추는 고래>를 제작했으며 2015년엔 UHD다큐멘터리 <선사인의 바위그림> 제작을 위해 멕시코의 산프란시스코 산맥과 러시아 벨로모르스크의 잘라부르가, 몽골 고비사막과 프랑스의 라스코, 스페인의 알타미라 동굴 등에서 촬영을 진행했다.

Korean Gray Whale

한국귀신고래를 아십니까?

한국귀신고래를 찾아 떠나는 4만리 대장정!

이영훈 지음

솔과학

──── 목 차 ────

책을 쓰면서 ·· 8
추천사 ·· 10

1편 귀신고래

귀신고래는 어떤 고래인가? ································ 14
재밌는 고래이름 ·· 17
왜 이름이 귀신고래인가? ·································· 20

2편 한국귀신고래

다시 나타난 한국귀신고래 ································· 28
한국귀신고래의 먹이활동 ·································· 32
한국귀신고래의 울음소리 ·································· 35
위기의 한국귀신고래 ······································ 37
겨울이면 한국귀신고래는 어디로? ·························· 40
한국귀신고래는 어디서 새끼를 낳나? ······················· 45
귀신고래의 바다를 천연기념물로 지정하다! ················· 48
일본, 중국 바다의 귀신고래 ······························· 53
한국귀신고래, 그 이름을 잃어가고 있다! ··················· 55
드디어 우리바다에 나타난 귀신고래 ························ 56
태평양을 가로지르는 한국귀신고래 ························· 60
미국 동부해안에 나타난 귀신고래 ·························· 62

3편 캘리포니아 귀신고래

귀신고래의 번식장 멕시코 바하캘리포니아 ·············· 70
귀신고래와 리에브레라군 ····························· 72
고래구경의 천국 ··································· 77
리에브레라군의 아픈 역사 ···························· 79
북으로의 회유 ···································· 82
고래가 모이는 캘리포니아해변 ························ 86
밴쿠버섬의 귀신고래 ······························· 89
베링해의 귀신고래 ································· 92
고래사냥꾼 블라드미르 씨 ··························· 98
추코트의 고래축제 ································ 104

4편 고래와 한반도

소금밭에 새끼를 낳는 고래 ························· 118
로이 채프만 앤드류스(Roy Chapman Andrews) ········ 123
앤드류스의 고향, 벨로이트 방문기 ··················· 130
앤드류스의 글(멸종된 고래의 재발견) ················ 133
미역 먹는 고래 ··································· 137
작살 박힌 고래 뼈 ································ 140
우리 유물 속의 고래 ······························ 143
옛 문헌 속의 고래 ································ 146
우리말과 지명 속의 고래 ··························· 151
고래와 실크로드 ·································· 156

5편 암각화의 고래

대곡리(大谷里) 이야기 ··· 166
반구대 암각화 ··· 170
해수면 변동에 따른 반구대 그림의 변화 ················ 176
반구대의 고래그림은 고래의 분류 키(key) ············· 181
북방긴수염고래 ··· 185
선사인의 바위그림은 동영상 ································ 188
반구대 그림은 거대한 해양박물관 ························ 192
반구대 암각화 평가 ·· 198
다른 나라의 고래그림 ··· 201

6편 고래잡이의 시대

고래와 인간 ··· 216
고래잡이의 시대 ··· 218
독도(獨島)와 포경선 ·· 222
부산 용당포에 상륙한 미국 포경선 ······················· 225
우리바다의 고래 남획 ··· 227
일제강점기의 포경 관련 신문기록들 ····················· 232
박구병 교수와의 생전 인터뷰 ······························ 234
해방이후의 포경 ··· 236
고래잡이의 전성기 ··· 239
한국귀신고래의 남획 ·· 243
고래잡이 모라토리엄 ·· 245
포수 김상복 씨의 증언 ·· 249
고래해체 기술자 주태화 씨 ································· 251
고래잡이 민속문화 ··· 255
한국전쟁과 고래고기 ·· 259

노르웨이의 포경 ································· 264
일본의 포경 ··································· 270
고래의 보호 ··································· 273

7편 고래이야기

향고래 이야기 ································· 284
향고래와 우주선 ······························· 287
냉전을 허문 귀신고래 ·························· 291
최초로 사육된 고래 JJ 이야기 ·················· 295
일본의 고래영혼제 ····························· 296
고래조사와 해양정보 ·························· 300

8편 좌충우돌 고래촬영기

죽은 사람도 살린 우리 민간요법 ··············· 306
고래사냥꾼의 마을, 라브렌티야 ················ 311
드디어 추코트를 떠나다! ······················ 316
한국귀신고래를 만나기까지-험난한 과정 ······· 324
하느님, 고래를 보내주세요! ···················· 335

글을 맺으며 ··································· 348
감수(監修)의 말 ································ 350
참고문헌 ····································· 358
인터뷰해 주신 분 ······························· 359
사진 및 그림 제공 ····························· 361
도움을 준 기관 ································ 361

책을 쓰면서

33년간 방송국 PD생활 중 가장 기억에 남는 일이라면 귀신고래 촬영이었다. 고래촬영을 위해 참 많은 나라를 다녔다. 고래가 오는 바다는 하나같이 지구촌 오지(奧地)였지만 그 험한 길을 달려가 고래를 만나는 순간만은 정말 감동이었다.

2004년 여름에 알래스카와 마주하고 있는 러시아의 베링해를 찾았다. 거기 툰드라의 대지에 서서 텅 빈 북극의 바다를 바라봤을 때, 수평선 위에 마치 분수처럼 고래가 숨 쉬는 분기(噴氣)가 물 위로 솟았다. 그리고 햇살에 고래의 분기는 짧은 순간 무지개가 되었다.

미국 캘리포니아 몬트레이만에서 혹등고래가 물 위로 점프하는 걸 가까이서 촬영했던 적이 있었다. 혹등고래와 나와의 거리가 40m쯤 됐을까? 점프했던 혹등고래가 수면으로 떨어질 때 그 충격파가 어찌나 컸던지 내 얼굴의 피부가 파르르 떨릴 정도였다.

멕시코 바하캘리포니아의 라군 지역은 귀신고래가 짝짓기도 하고 또 새끼를 낳는 곳이다. 그곳은 그야말로 고래의 천국이었다. 우리가 탄 보트 옆으로 집채만 한 고래가 다가왔는데 나는 두려웠지만 살아있는 고래에 대한 호기심에 손을 뻗어 고래의 피부를 만져보았다. "우~와" 미끌미끌한 감촉, 뭔가 거대한 생물을 촉각으로 느껴 본 그 감동은 잊을 수가 없다.

우리바다는 고래의 바다였다. 지구상 어느 민족보다 고래와 끈끈한 관계를 맺고 살아 왔던 우리 민족이었다. 한국귀신고래(Korean Gray

Whale)는 고래이름에 나라이름을 붙여주는 유일한 고래다. 지금 멸종의 위기에 처한 한국귀신고래를 다시 살리는 일은 잃어버린 우리 자연사의 한 페이지를 다시 찾는 일이다. 대한민국 사람들이 다시 한번 고래에 대해 열광하기를 바라는 마음 간절하다.

책 내용을 감수(監修)해 주신 김장근 박사님과 고래연구의 최신 정보들을 공유해 주신 국립수산과학원 박겸준 연구관과 김현우 박사께도 감사드리며, HD다큐〈귀신고래〉 촬영 당시 함께 고생했던 김능완 촬영감독, 최석윤 촬영보조 그리고 다큐〈한반도 일만년의 고래〉를 촬영했던 김동건 촬영감독, 3D영상〈춤추는 고래〉와 UHD다큐〈선사인의 바위그림〉을 촬영했던 정석훈 촬영감독에게도 감사를 드리며 물심양면으로 집필을 도와준 후배PD들과 울산MBC에도 감사를 드립니다.
그리고 추천사를 선뜻 허락해 주신 정일근 시인님, 고래이야기를 책으로 엮어볼 것을 권해 주시고 출판을 도와주신 신한균 사기장님과 반구대 암각화 고래 사진들을 게재할 수 있도록 허락해 주신 한실마을 지킴이 백성욱 작가님, 고래잡이 사진을 제공해 준 울산고래박물관과 글을 쓸 수 있도록 창작공간을 제공해 준 울산고래문화재단에도 감사드립니다.
무엇보다 출판비를 지원해 준 방일영문화재단에 감사드리며 아울러 고래 일러스트레이션 게재를 허락해 준 한글그라픽스, 출판을 위해 힘써 주신 솔과학 김재광 대표님과 임성희 디자이너님, 고래 삽화와 교정을 봐주신 화가 누상촌(樓上村)님에게도 감사를 드립니다. 끝으로 집필과 출판을 응원해 주고 뒷바라지 해준 아내 조주연과 두 딸 수민이와 윤지, 고마웠어요!

2025년 9월 울산 성남동 옥골촌에서
저자 이영훈

추천사

이영훈 피디의 장점은 자기가 연출하는 세상과 현실을 '왜곡'시키지 않습니다. 그가 보는 뷰파인더는 언제나 '정직'합니다. 함께 작업을 하면서, 혹은 그가 연출한 작품들을 보면 이 피디의 정공법은 정직이 강수이며 미덕입니다. 요술 방망이 같은 카메라를 지휘하는 연출가 처지에서는 신출기묘(神出奇妙)하거나 변화무쌍한 컷을 보여주고 싶겠지만, 이 피디의 뚝심은 오로지 정직하게 자신이 마주한 문제와 정면 대결로 승부를 보여줍니다.

이 피디는 한국을 대표하는 '고래 피디'로 울산이 기념사진 한 장 없이 잃어버린 '귀신고래'(Gray Whale)를 방송 사상 최초로 영상에 담아낸 수작(秀作)도 정직한 끈기의 결과였습니다. '한반도 일만년의 고래' '춤추는 고래' '선사인의 바위그림' 등 일련의 이 피디 연출작품은 문학으로 보자면 장편 서사시며, 대하소설입니다. 그의 고래에 대한 사랑은 울산을 넘어 한국을 넘어, 잃어버린 우리 자연사를 올곧게 복원하는 과정입니다.

울산을 가진 '반구천 암각화'가 세계문화유산으로 등재된 시점에서, 그가 영상으로 기록한 고래 사(史)는 고래를 잃어버리고 사는 우리에게 바다의 꿈을 복원하는 일입니다. 그 고래들을 다시 우리 바다로 돌아오게 하는 패스워드가 될 것입니다. 늘 바다의 마음으로 바다를 지향하는 그의 눈빛은 이미 바다 저 편의 고래를 부르고 있습니다. 책장을 넘기면, 어디서든 고래가 튀어 오릅니다. 그런 즐거움이 이 책 속에 그득그득합니다. 일독을, 필독을 권합니다.

경남대 석좌교수·시인 정일근

1편
귀신고래

01

귀신고래

귀신고래는 어떤 고래인가?

옛날 공룡시대부터 현재까지 지구상에 존재했던 모든 동물들 중에서 가장 덩치가 큰 동물은? 바로 고래다. 인간이 측정한 고래 중에서 가장 큰 것은 길이 34m, 무게 190톤의 대왕고래였다. 이 정도면 고속전철 객차 2량 정도와 맞먹는다. 무게는 코끼리의 25배, 공룡 중에서 가장 덩치가 컸던 브론토사우르스의 3배이며 성인 2천 명을 초과하는 무게다. 고래는 수명도 길어 가장 오래 산다는 북방긴수염고래의 수명은 200년 이상이다.

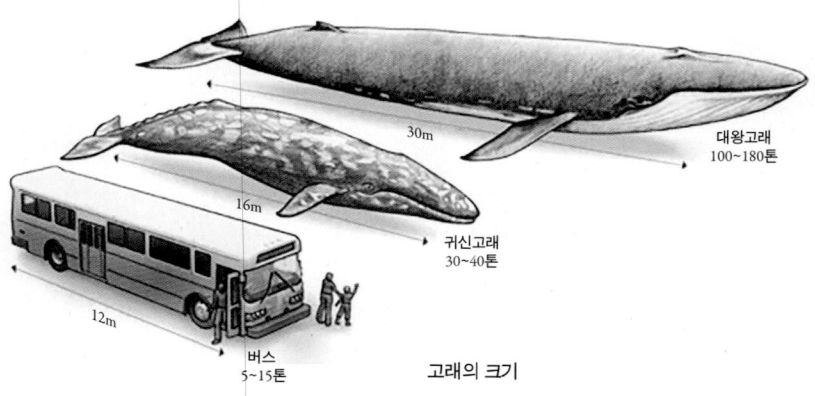

고래의 크기

귀신고래

위 그림이 귀신고래다. 전혀 귀신을 닮지 않았다. 덩치도 다른 수염고래에 비해 작은 편이다. 어른 귀신고래의 길이는 16m, 무게는 35톤 정도, 귀신고래는 밍크고래보다는 크고 혹등고래보다는 조금 작다. 다른 수염고래와는 달리 귀신고래는 위턱이 아래턱보다 앞으로 튀어나왔다. 가슴지느러미는 마치 보트의 노를 닮았고 등지느러미가 없는 대신에 등에는 혹 모양의 돌기가 8~9개 정도 가지런히 있다. 귀신고래 머리에는 따개비가 많고 입과 코 주변에는 고래 이(whale lice)도 많이 기생한다. 몸 색깔은 짙은 회색이고 백색의 반점이 산재해 있다. 따개비가 붙었다가 떨어진 자리는 흰색으로 남는데 귀신고래 몸엔 그 흰색 반점이 많아 전체적으로 몸 색깔이 거무튀튀한 회색으로 보인다. 그래서 영어로 귀신고래를 '회

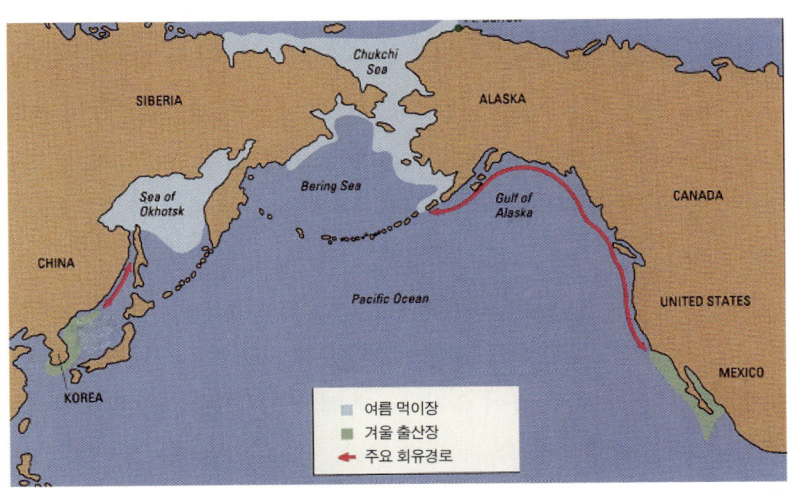

귀신고래 번식장과 먹이장, 회유경로

색고래(Gray whale)'라 부른다. 귀신고래는 바다 속에서 최대 20분까지 숨을 참을 수 있고 수명은 50~70년이라고 알려져 있다.

한때 북대서양 바다에도 귀신고래가 존재했지만 1700년대에 멸종했다. 지금은 지도에서처럼 태평양 바다에만 귀신고래가 산다. 지구상의 귀신고래는 태평양을 사이에 두고 태평양 동쪽무리와 서쪽무리로 나뉜다. 가장 큰 무리는 태평양 동쪽, 북미연안에 사는데 이 귀신고래들을 '캘리포니아 귀신고래(Californian gray whale)' 또는 '동태평양 귀신고래(East pacific stock)'라 부른다. 그리고 태평양 서쪽의 귀신고래를 '한국귀신고래(Korean gray whale)' 또는 '서태평양 귀신고래(West pacific stock)'라 부른다.

캘리포니아 귀신고래는 여름엔 북쪽 베링해와 북극의 축치해(Chukchi sea, 베링해 북쪽, 러시아와 알래스카 사이의 바다)까지 올라가 먹이를 먹고 겨울에는 남쪽으로 멕시코의 캘리포니아반도까지 내려와 짝짓기를 하고 새끼도 낳는다. 이들이 남북으로 이동하는 거리만 2만km, 지구둘레의 절반이나 된다. 포유동물 중에서 가장 먼 길을 회유하는 동물이 바로 귀신고래다.

한국귀신고래는 여름이면 러시아 캄차카반도 주변의 오호츠크 바다에서 먹이를 먹고 겨울에는 남쪽으로 이동하는 걸로 알려져 있다. 그러나 과거에는 이 회유경로로 이동을 했으나 지금은 이 회유경로에서 귀신고래를 발견하기가 하늘에 별 따기 만큼 힘들다. 현재 여름철에 오호츠크바다에서 목격되는 한국귀신고래의 수는 대략 100여 마리 정도, 한국귀신고래는 사실상 멸종위기에 직면해 있다.

계절마다 모든 고래들이 회유를 하지만 귀신고래의 회유는 별난 특징이 있는데 귀신고래는 매년 똑같은 바닷길로 이동한다는 사실이다. 이동할 때도 육지에 바싹 붙어 움직이는데 해안에서 2km이상은 벗어나지 않는다. 왜 그럴까? 그 이유는 첫째 귀신고래는 물 위에서 헤엄치는 물고기를 먹지 않고 물속 바닥에 사는 작은 갑각류를 먹기 때문에 얕은 바

귀신고래   울산해안의 이득등대

다로 이동하는 것이고 둘째는 사나운 범고래들을 피하기 위해서다.

  울산 동구해안에서 1.5km쯤 떨어진 바다암초 위에 이득등대가 서있는데 과거 귀신고래들이 이동할 때면 이 암초와 육지 사이를 통과했다고 한다. 또 울산의 해녀들이 물가에서 자맥질을 하며 소라나 전복을 캘 때도 귀신고래가 바로 옆을 지나가는 바람에 해녀들이 깜짝깜짝 놀라곤 했다는 얘기가 전해질 정도다.

재밌는 고래이름

큰돌고래 (출처 : WallsDesk.com)

고래이름 중에 재밌는 이름들이 많다. 위 사진 속 고래는 지금은 '큰돌고래'로 이름이 바뀌었지만 옛 이름은 '병코돌고래'였다. 병코? 뭔 뜻일까? 사람이름인가? 그런데 이 돌고래의 영어이름을 보고 빵 터졌다. 'bottle nose dolphin!' 음료수를 담는 유리병을 뜻하는 bottle과 사람의 코를 말하는 nose를 그대로 번역해서 '병코돌고래'가 된 것이다.

과거에 어느 누군가가 병코돌고래의 짧고 뭉툭한 부리가 마치 길쭉한 병의 목을 닮았다고 생각을 했던 모양이다.

범고래 (출처 : Alamy Stock)　　　흑범고래 (출처 : 밴쿠버 아쿠아리움)

위 사진 속의 두 고래를 보면 많이 닮았다. 그런데 이 두 고래는 완전히 다른 고래다. 왼쪽 사진의 고래는 '범고래' 즉 '킬러훼일(killer whale)'이다. 그러면 오른쪽 사진의 고래이름은 뭘까? 언뜻 보면 범고래인가 싶어 사람들이 붙인 재밌는 이름이 바로 'false killer whale', 우리말로 하면 '가짜 범고래'다. 그런데 이 고래의 우리말 이름은 '흑범고래'다. 이빨이나 외모는 범고래를 닮았지만 몸에 흰무늬가 있는 범고래와는 달리 온 몸이 검은 색이기 때문이다.

흑등고래

위 그림 속의 고래는 혹등고래다. 그런데 혹등고래의 등에는 혹이 없는데 왜 '혹등고래(Humpback whale)' 일까? 그런데 오른쪽 사진을 보면 혹등고래가 깊은 잠수를 시작하기 직전, 마치 소설 '노틀담의 꼽추' 에 등장하는 '콰지모도' 의 굽은 등처럼 혹등고래의 등이 이상하리만치 불쑥 솟아 오른 것을 볼 수 있다. 사람들이 그 굽은 등이 마치 혹(Humpback)같이 생겼다 해서 '혹등고래(Humpback whale)' 라 부르게 된 것이다. 고래들은 헤엄칠 때 얕은 깊이로 잠수하고 떠오르기를 반복하다가 수면에 크게 꼬리날개를 보이고 나서는 깊이 잠수하게 되는데, 이럴 때 혹등고래의 등이 아래로 휘어지며 유달리 큰 혹처럼 보이는 것이다. (콰지모도-빅토르 위고의 소설 〈노틀담의 꼽추〉에 등장하는 주인공 이름)

향고래

위 사진 속의 고래는 향고래다. 향고래(Sperm whale)의 이름도 재밌다. 향유(香油)를 간직하고 있다 해서 우리 이름으로는 '향고래' 이지만 영어로는 'Sperm whale' 이다. Sperm은 수컷의 정액(精液)을 말하는데 향고래와 정액이 무슨 관계가 있을까? 그 이유는 향고래 몸의 절반쯤 차지하는 거대한 머리에는 뇌유(腦油)에 해당하는 왁스같은 물질(Spermaceti)의 향유(香油)가 가득 차 있는데 옛사람들에게 그게 정액(Sperm)과 유사한 것으로 여겨져 향고래의 영어이름이 'Sperm whale' 로 지어졌던 것이다.

이처럼 고래의 이름은 순전히 사람의 입장에서 지어졌다는 사실을 알 수 있다.(고래에 대한 사람들의 편견도 가미돼서) 만약 고래가 제 이름의 뜻을 제대로 안다면 상당히 불쾌할 수도 있겠다는 생각이 든다. 그렇게 사람들의 일방적인 시각만으로 지어진 고래 이름 중, 최고봉이 바로 '귀신고래'다.

왜 이름이 귀신고래인가?

앞서도 언급했듯이 귀신고래가 입으로 물속 바닥을 헤집어 먹이를 찾다보니 귀신고래의 입 주변과 머리는 물론 온 몸에 따개비가 붙게 되고 나중에 그 따개비가 떨어진 자리가 흰색 반점으로 남게 되면서 전체 피부가 회색으로 보여 'Gray whale(회색고래)'이 된 것이다.

물 속 바닥의 흙속에서 먹이를 찾는 귀신고래 (출처 : Flip Nicklin)

그런데 이 회색고래에 대해 미국인들이 불렀던 별명이 따로 있었는데 그 이름이 바로 'devil fish(악마물고기)'였다. 그 이유는 고래를 잡던 시절에 미국 포경선들이 해안에서 귀신고래 새끼를 포획했을 때 어미가 난폭해져서 종종 배를 부수는 경우가 있었기 때문에 회색고래를 'devil fish'라 불렀던 것이다.

그렇다면 우리는 왜 회색고래를 '귀신고래'라고 부르게 됐을까? 사실 그것은 포경이 한창일 때 고래잡이들이 붙인 이름이 바로 귀신고래다. 울산 장생포에서 포경선 포수를 했던 김상복씨 말에 의하면 귀신고래는 고래 중에서도 가장 영리했다고 한다. 가령 수면 위로 숨을 내쉴 때도 다른 고래들은 등과 등지느러미, 꼬리를 순차적으로 물 밖으로 내놓고 숨을 쉬는데 반해 귀신고래는 코만 물 밖으로 살짝 내밀고 숨을 쉬었다고 한다.

그리고 숨을 쉰 후 잠항(潛航)할 때도 앞으로 전진하면서 물속으로 들어가는 것이 아니라 제자리에서 뒤로 살며시 가라앉았다고 한다. 이러니 포경선이 귀신고래를 발견하기가 쉽지 않았다. 설령 발견해서 뒤를 쫓아가도 귀신고래는 한번 물속으로 들어가면 완전히 방향을 돌려 전혀 엉뚱한 곳에서 떠오르곤 했기 때문에 고래잡이들이 이 고래가 '신출귀몰(神出鬼沒)'하다 해서 '귀신고래'라 부르게 된 것이다.

갯바위를 연상시키는 귀신고래 (출처 : Ron Levalley)

곱시기라 불렸던 돌고래 (출처 : Amandine Gillet)

사실 울산 장생포의 고래잡이들은 귀신고래 1마리를 발견하면 포경선 10척이 공동으로 추격할 정도로 발견한 귀신고래를 포획하기는 쉽지 않았다고 한다. 그러고 보면 '귀신고래' 이름은 사냥의 대상으로 붙여진 이름일 뿐 고래 본래의 특징과는 무관한 이름이다. 만약 귀신고래가 제 이름의 뜻을 알아듣는다면 얼마나 기분이 나쁠까.

그런데 귀신고래를 두고 울산의 바닷가 사람들이 옛날부터 불렀던 다른 이름이 있었다. 그것은 바로 '돌고래'였다. 돌고래라 불렸던 이유는 말 그대로 바다 위로 몸을 내민 귀신고래의 회색빛 피부색깔이 언뜻 바닷가에 솟은 갯바위와 너무나 닮았기 때문에 사람들이 '돌고래'라 불렀던 것이다.

회색고래라는 영어이름처럼 돌고래라는 이름이 귀신고래 본래의 특징을 잘 나타내는 이름이라고 할 수 있겠다. 지금이라도 포경시대에 붙여진 조금은 살벌한 이름인 귀신고래보다는 돌고래라는 원래의 이름을 찾아주는 것은 어떨까?

　그런데 만약 귀신고래를 돌고래로 이름을 바꾼다면 아이들이 좋아하는 덩치 작고 귀여운 '돌고래(Dolphin)'하고 헷갈리지 않을까 하는 생각도 들 것이다. 그런데 돌고래(Dolphin)를 두고 또 울산사람들이 옛날부터 달리 불렀던 이름이 있었으니 그 이름은 바로 '곱시기' 였다. 호랑이를 축소해 놓은 듯한 귀여운 고양이가 있듯이 큰 고래를 닮았지만 덩치가 작고 귀여운 고래를 '곱다' 는 뜻을 지닌 곱시기로 불렀던 것이다. 돌고래(Dolphin)라는 이름이 대세(大勢)가 돼버린 지금, 돌고래를 곱시기로 바꿔 부르기는 쉽지 않을 것이다. 그래도 돌고래를 두고 '곱시기' 라는 고운 우리말 이름이 있음을 기억했으면 한다.

큰돌고래 3.9m 600kg Bottlenose dolphin

밍크고래 8.6m 12톤 Minke whale

귀신고래 16m 35톤 Gray whale

향고래 18m 57톤 Sperm whale

참고래 27m 80톤 Fin whale

흑범고래 6.1m 2.2톤 False killer whale

범고래 9.8m 10톤 Killer whale

혹등고래 16m 35톤 Humpback whale

북방긴수염고래 18m 100톤 North pacific right whale

대왕고래 30m 179톤 Blue whale

고래 일러스트레이션 : 한글그라픽스

2편
한국귀신고래

02

한국귀신고래

다시 나타난 한국귀신고래

　태평양 서쪽에 사는 귀신고래를 '한국귀신고래' 라고 한다. 고래이름 중에 나라이름이 들어가는 유일한 고래. 그것도 전 세계인들이 '한국고래' 라고 불러주는 고래이니 우리에겐 얼마나 소중한 고래인가, 그런데 지금 한국바다엔 귀신고래가 없다. 아니 자연의 세계를 두고 어느 누구도 장담할 수 없으니 완전히 없는 것은 아닐 것이다. 단지 발견이 안되고 있을 뿐, 한국귀신고래가 우리 바다에서 마지막으로 잡힌 건 1966년이었고 우리바다에서 귀신고래가 마지막으로 목격된 것이 1977년 울산 방어진 앞바다에서였다. 그 후로 우리바다에서 귀신고래를 봤다는 사람은 없다. 그 후 이웃 일본이나 중국의 바다에서 이동하는 귀신고래를 봤다는 얘기는 간간이 들렸지만 귀신고래의 큰 무리를 봤다는 얘긴 없었다. 사정이 이렇다보니 고래를 연구하는 전 세계의 학자들은 한국귀신고래는 이제 멸종된 것이나 다름없다고 평가했다.
　그런데 1993년에 기적 같은 일이 일어난다. 러시아 사할린 섬 북쪽의 오호츠크 바다에서 석유와 천연가스가 발견되면서 러시아 사람들이 유전개발을 위해 사전조사를 하던 중, 사할린 북쪽 필튼만(Piltun Lagoon)의 오호츠크 바다에서 우연히 한 무리의 고래들을 발견하게 된다. 이 소식을 듣고 러시아 해양포유류 학자들이 그 현장을 보다 자세히 관찰한 결과 이 고래들은 우연히 이곳을 지나던 고래가 아니라 상당한 무리를 이룬 귀신고래라는 사실을 알게 됐다.

이 사실은 국제포경위원회(IWC)에 보고되었고 러시아와 미국의 공동 조사팀이 꾸려지면서 1995년부터 귀신고래에 대한 본격적인 조사활동이 시작됐다. 멸종이 임박했던 한국귀신고래는 그렇게 세상에 다시 나타났고 이것은 지구상에서 멸종됐다고 알려진 동물이 다시 등장한 최초의 사례이기도 하다.

사할린섬 필튼만 앞의
한국귀신고래 서식지

필튼만과 오호츠크해 사이의 물길

필튼만 입구의 등대

더군다나 이 귀신고래는 우리에겐 특별하다. 고래이름 중에 유일하게 우리나라 이름이 들어가는 '한국귀신고래(Korean gray whale)'가 아닌가,

그래서 2002년부터는 한국고래학자들도 이 고래조사 캠프에 합류하게 되었다.

필튼만(Piltun Lagoon)은 사할린섬의 북동쪽에 있는 넓은 석호(潟湖)다. 바다와 연결돼 있는 이 석호는 길이는 남북으로 90km, 그 폭은 동서로 15km로 대단히 넓다. 이 필튼만과 오호츠크바다 사이의 물길은 단 한 곳뿐인데 그 물길 입구에는 등대가 있고 등대지기의 오두막집이 귀신고래의 조사기지다. 귀신고래들은 필튼만 안으로는 들어오지 않고 수심 20m 정도 되는 필튼만 해변에서 여름 한철을 보낸다.

필튼만의 귀신고래 연구자들, 맨왼쪽 사람이 김현우박사   고래연구자들이 고래조사를 위해 바다로 나간다

우리 촬영팀이 이곳 필튼만에 도착한 것이 2004년 8월이었다. 날씨가 맑게 갠 어느 날 아침, 고래연구자들과 함께 보트를 타고 우리는 필튼만 앞 오호츠크해로 나아갔다. 고래를 발견하는데 그리 긴 시간이 걸리지 않았다. 고래연구자가 손가락으로 바다를 가리킨다. 그 곳에서 "푸~우!" 하고 고래가 분기를 뿜으며 숨을 쉰다. 등에 거뭇거뭇 하얀 반점들이 가득하고 얼굴엔 따개비도 보인다. "귀신고래다!" 나도 모르게 고함을 질렀다. '살아있는 한국귀신고래를 직접 내 눈으로 보게 될 줄이야' 내 속에서 벅차오르던 그 감동의 느낌을 나는 지금도 잊을 수가 없다.

우리는 그 날, 한국방송사상 최초로 한국귀신고래를 촬영했다. 사실 해방 후에도 우리 손으로 많은 귀신고래를 잡았으나 안타깝게도 한국귀신고래는 사진 한 장 남아있지 않았다. 한국귀신고래의 촬영은 잃어버린 우리 자연사의 한 페이지를 다시 찾는 순간이기도 했다.

다국적 고래연구가들이 이곳에서 9년 동안 관찰한 결과 모두 139마리의 귀신고래를 식별했는데 그 사이 죽는 고래를 감안한다면 현재 한국귀신고래의 개체 수는 100여 마리 정도로 추산하고 있다. 귀신고래의 수명이 50~70년쯤 되니 그들의 수명에 비한다면 100여 마리는 아주 적은 숫자다.

필튼만 앞바다의 한국귀신고래

한국귀신고래의 먹이활동

고래들이 대체로 그렇지만 귀신고래도 겨울엔 남쪽으로 내려와 새끼를 낳아 기르고 짝짓기도 한다. 여름이면 다시 북쪽으로 올라가 풍부한 먹이를 먹고 에너지를 축적하는데 한국귀신고래들도 여름이면 이곳 필튼만의 바다를 찾아와 먹이활동을 한다.

미국과 러시아 그리고 한국 고래연구자들은 이곳 필튼만에 7월부터 9월까지 한시적으로 머무르며 귀신고래에 대해 조사 및 연구 작업을 한다. 오호츠크해의 여름 평균 수온은 10도 밑을 맴도는데 필튼만에서는 보통 8월에 가장 많은 귀신고래를 볼 수 있다. 그리고 오호츠크 바다가 얼기 시작하는 10월경이면 귀신고래들은 모두 남쪽으로 이동을 시작한다.

바다의 바닥을 헤집어 먹이를 먹는 귀신고래 (출처 : Flip Nicklin / Mark Carwardine)

2004년에 이곳 필튼만의 고래연구자는 미국, 러시아, 한국에서 온 8명이었는데 귀신고래가 이곳에 머무는 기간 동안 연구자들은 바다에 나가 고래의 숫자를 세고 고래 몸의 반점도 촬영한다. 또 고래들이 뭘 먹는지도 알아보고 고래의 체세포도 떼내서 유전자 연구를 하기도 한다.

그런데 귀신고래는 무엇을 먹을까? 위 사진이 바로 귀신고래가 먹이를 먹는 모습으로 귀신고래가 먹이를 먹을 때는 바다 아래의 모래나 진흙을 한 입 가득 먹고서는 수염과 혀로 흙은 걸러내고 흙속에 있는 작은 갑각류만을 골라 먹는다. 그런데 귀신고래가 먹이를 먹을 때도 나름 요령이 있다. 입을 벌려서 그냥 먹는 것이 아니라 입안을 진공으로 만들어서 마치 청소기처럼 먹이를 빨아들인다. 작은 플랑크톤을 삼키는 대왕고래나 고래상어도 물속에서 이런 방법으로 먹이를 삼킨다. 이처럼 귀신고래는 물속 바닥의 흙에서 먹이를 구하기 때문에 귀신고래의 수염은 다른 고래들에 비해 매우 거칠고 또 짧다. 우리가 필튼만의 바다에서 긴 흙탕물의 띠가 생기는 걸 자주 봤는데 이것이 물아래에서 귀신고래가 먹이활동을 하는 흔적이기도 했다.

그런데 이런 귀신고래의 먹이활동이 바닷속의 생태계를 더 풍성하게 한다. 귀신고래가 바닥의 흙을 입으로 헤집는 바람에 바닷속은 진흙이 밭고랑처럼 길게 패이고 직경 2m의 구덩이가 만들어진다. 이걸 'Whale Pit'라고 하는데 이렇게 귀신고래가 흙속의 해저영양분을 뒤집어주기 때문에 바닷속 생태가 더 풍부해진다. 귀신고래가 물속에서 마치 밭을 가는 농부의 역할을 하는 것이다. 이곳 필튼만의 귀신고래들은 만과 바다가 이어지는 물길 근처에서 주로 먹이활동을 하는데 만에서 흘러나가는 물이 고래에게 풍부한 영양분의 먹잇감을 제공하기 때문이다.

썰물과 함께 드러난 귀신고래의 먹이활동 흔적 - 미국 워싱턴주 해변 (출처 : Jill Hein)

2004년에 필자가 필튼만에서 귀신고래를 촬영할 때 아주 희한한 장면을 목격했다. 우리가 필튼만의 바다에서 물 위에 떠다니는 귀신고래의

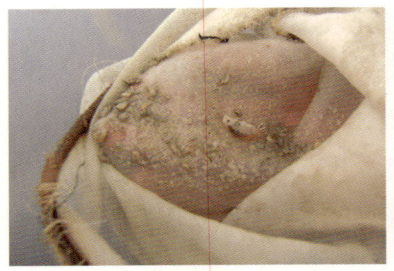 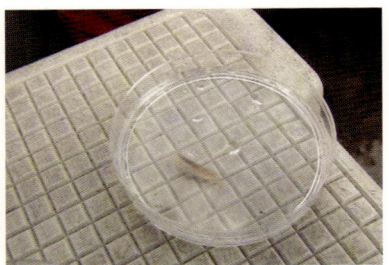

귀신고래 분비물 속에서 나온 작은 갑각류   물을 담은 접시에 놓아주니 살아 움직이는 모습

분비물을 발견한 순간이었는데 그걸 채로 떠보니 분비물 속에 새우를 닮은 작은 물벌레가 한 마리 있었다. 이것이 바로 '앰피포더(Amiphipoda, 옆새우류)'라 불리는 귀신고래의 주된 먹이였다. 그런데 놀라운 것은 그 놈이 꿈틀대며 살아있는 게 아닌가, 그 때 러시아 해양포유류 연구자 그리샤 치둘코(Grigory Tsidulko) 박사가 "고래 몸을 통과하고도 살아남은 지극히 재수 좋은 녀석"이라며 물에 다시 살려주었다.

바닷속 흙에 입을 대고 먹이를 먹는 습성 때문에 귀신고래는 입 속의 한쪽 수염이 다른 쪽 수염에 비해 훨씬 거칠다. 또 하나 재밌는 것은 귀신고래도 사람처럼 오른손잡이가 많아 먹이를 먹을 때 오른쪽 입을 아래로 해서 먹이를 찾는 귀신고래들을 자주 볼 수 있다. 이럴 경우 귀신고래 몸의 왼쪽은 따개비가 많은 반면 해저에 부딪히는 몸의 오른쪽은 따개비

오른쪽 등을 아래로 해서 먹이를 먹는 귀신고래
(출처 : 누상촌(樓上村))

가 잘 붙지 않는다. 그래서 고래연구자들이 귀신고래를 구별하기 위해서 사진을 찍을 때, 반드시 귀신고래의 오른쪽 몸을 촬영하게 되는데 오른쪽 등의 따개비들이 떨어져 나가면서 사람의 지문과 같은, 독특한 흰 반점을 남기기 때문이다.

한국귀신고래의 울음소리

수면에서 30m만 내려가도 햇빛의 90%가 사라지는 어두운 바다 속에서 고래들이 서로의 존재를 알 수 있는 유일한 방법은 소리뿐인데 아쉽게도 사람의 귀로는 고래가 내는 소리를 거의 들을 수 없다. 사람이 들을 수 있는 주파수 영역은 약 20~2만Hz(헤리츠)이지만 고래소리의 주파수는 이보다 훨씬 낮다. 그 이유는 고래가 보다 멀리 떨어진 상대와 대화를 나누기 위해 저주파를 사용하기 때문이다.

비록 저주파지만 귀신고래의 울음소리는 과연 어떠할까? 우리 촬영팀

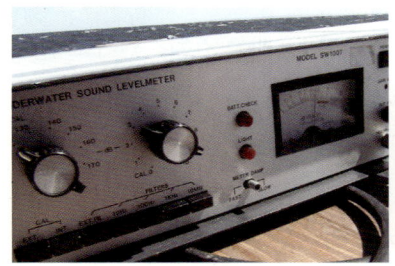
고래소리 녹음기

물속으로 수중마이크를 넣는 필자

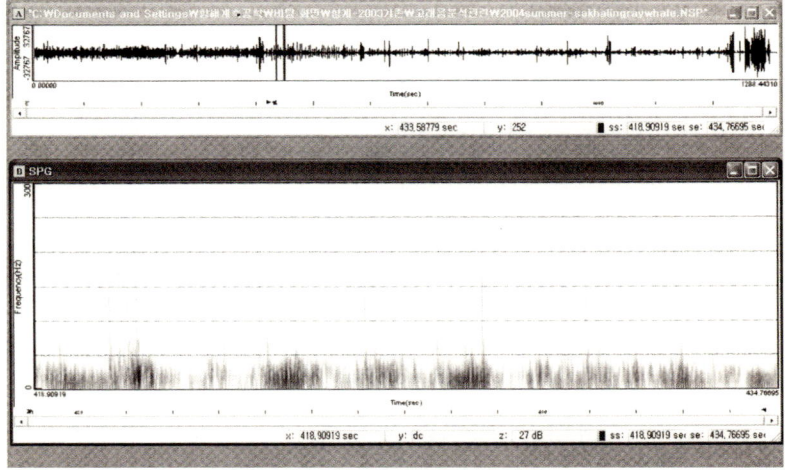
파형으로 나타낸 귀신고래의 울음소리 (250Hz)

은 한국귀신고래의 울음소리를 녹음하기 위해 한국을 출발하기 전, 부산의 부경대학에서 수중마이크와 녹음장비를 빌렸다. 장비는 꽤 무거웠지만 그래도 한국귀신고래 울음소리를 최초로 녹음한다는 생각에 가는 곳마다 우리는 이 녹음장비를 꼭 챙겼다. 그리고 이 녹음장비 덕분에 우리는 필튼만에서 한국귀신고래의 울음소리를 녹음할 수 있었다.

흔히 '노래하는 고래'로 알려져 있는 혹등고래는 물속에서 사람의 귀로도 울음소리를 들을 수 있지만 귀신고래는 저주파로 울음소리를 내기 때문에 사람의 귀로는 들을 수 없다. 녹음된 고래소리를 나중에 한국에 돌아와서 특수장비를 통해 사람이 들을 수 있는 주파수로 변환한 후에야 귀신고래의 울음소리를 들을 수 있었다.

녹음된 귀신고래 소리는 대부분이 "뚝~ 뚜둑" 하는 간헐적인 노크소리(Knocks)였고 "칙~ 치직" 하는 쇳소리(Metallic sound)와 "꼴꼴꼴" 거리는 소리(Bubble type sounds)도 들렸다. 이들 소리의 주파수 범위는 10~1,291Hz로 대단히 저주파였다. 위 사진 속의 소리파형은 일정한 간격으로 노크소리와 쇳소리 등이 담긴 귀신고래의 울음소리다. 귀신고래들은 이 소리를 통해 서로 대화를 하는 것이 분명한데 무슨 얘길 나누는지 도통 알 도리가 없었다.

부경대 수산과학부 이유원 박사는 "수염고래인 귀신고래의 소리는 500Hz 이하의 저주파이다. 3kHz의 클릭음도 있으나 잘 관측되진 않는다. 다른 수염고래인 혹등고래는 1kHz 대로서 지속시간이 길지만 귀신고래는 저주파인데다 소리의 지속시간도 짧아서 소리를 듣기가 정말 힘들다"고 했다.

일반적으로 고래들이 새끼를 낳고 기르는 장소인 번식장에서는 구애, 짝짓기, 출산, 양육 등 여러 행동에 따라 다양한 울음소리들이 발생하는 반면 먹이를 먹는 장소에서는 노크음 같은 단순한 소리만 관측된다. 한국귀신고래의 경우 겨울 번식장이 아직 발견되지 않아서 노크음이나 클릭음이 짝짓기를 위한 구애의 소리인지 판단하기도 힘든 상황이다. 단지 귀신고래가 여름철 먹이 먹는 장소인 오호츠크해에서는 겨울철의 번식장 보다는 비교적 단순한 소리를 낼 것으로 추정하는 정도이다. 필자가 녹음한 한국귀신고래 울음소리는 2004년 <귀신고래의 수중명음(水中鳴音) 특성>이라는 분석보고서가 만들어져 '한국 어업기술 학회지'에 실리기도 했다.

위기의 한국귀신고래

개체수를 전부 합해도 100여 마리뿐인 한국귀신고래에게 위기 아닌 일이 있을까? 필튼만의 연구자들은 귀신고래 몸의 영구적인 상처라 할 수 있는 하얀 반점을 사진으로 찍어 고래를 식별하는데, 찍힌 사진과 똑같은 고래를 못 찾을 경우 새로이 등장한 고래로 등록하는 것이다. 이와 같은 방법으로 1995년부터 이곳 필튼만의 오호츠크바다에서 확인한 귀신고래 개체수는 모두 139마리였고 2004년엔 이보다 적은 100여 마리만 확인됐다. 너무나 적은 숫자이지만 그래도 매년 여름이면 이곳을 잊지 않고 찾아와주는 단골 귀신고래들이 있다니 그저 고맙기만 하다.

이곳 연구자들은 필튼만의 귀신고래 100여 마리 중에서 80여 마리 고래의 체세포를 떼 내서 유전자를

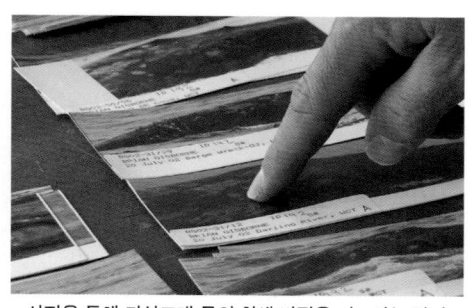

사진을 통해 귀신고래 몸의 흰색 반점을 비교하는 장면

분석했다. 분석결과, 이곳 귀신고래의 60% 가량이 수컷이었고 암컷의 숫자는 고작 26마리에 불과했다. 새끼고래의 경우엔 수컷의 비율이 더 높아 77%나 됐다. 이곳에서 고래의 유전자 분석을 맡고 있는 고래연구자 에이미 랭(Amy Rang)은, 가뜩이나 멸종 위기에 직면해 있는 이곳 귀신고래들에게 수컷이 많다는 것은 사실 우려스러운 일이라고 했다. 왜냐하면 고래의 번식은 암컷의 수에 좌우되기 때문이다.

이처럼 개체군이 적다보니 한국귀신고래의 유전적인 다양성이 태평양 동쪽의 캘리포니아 귀신고래보다 훨씬 낮은 것은 당연하다 하겠다. 그런데 아주 수수께끼 같은 현상이 하나 있는데 이곳의 한국귀신고래는 캘리포니아 귀신고래보다 몸에 흰 반점이 유독 많다고 한다. 그 이유에 대해서는 이곳 연구자들조차 알 수 없다고 한다.

귀신고래 연구캠프에서 보이는 시추선

오호츠크해의 시추선과 유조선

멸종의 위기에 직면해 있는 이곳 한국귀신고래의 겨울서식지에 또 다른 엄청난 위협요소가 가까이 있다. 이곳 사할린 북쪽바다는 현재 석유와 천연가스개발이 한창인데 유전개발구역이 귀신고래 서식지에서 불과 20여㎞ 정도 떨어져 있다. 또 귀신고래 서식지와 유전매장지가 겹치면서 시추선은 고래서식지와 점점 가까워지고 있다. 한국귀신고래가 헤엄치는 곳에서 보면 멀리 수평선 위에 대형 시추선이 보이고 석유와 천연가스를 실어 나르는 대형 유조선들이 시추선 주변을 바삐 오가는 모습도 볼 수 있다.

이곳에서 석유와 천연가스를 채굴하는 회사는 94년에 설립된 사할린 에너지 투자 주식회사(Sakhalin Energy Investment Company Ltd. SEIC)다. 이 회사는 사할린 바다의 석유와 가스 개발을 위한 컨소시엄으로 95년부터 이곳 필튼만에 시추선을 설치한 후 바다 밑을 굴착하고 송유관을 깔아서 석유와 가스를 뽑아내기 시작했다.

이곳은 한국귀신고래가 먹이를 먹는 지구상에서 하나뿐인 장소다. 만약 이곳에서 기름유출 사고라도 난다면 고래의 먹이는 한순간에 사라질 것이고 한국귀신고래는 그 무리 전체가 멸종에 직면할 수도 있다. 지구상에 마지막 남은 한국귀신고래의 숫자 100여 마리는 그냥 둬도 자연멸종의 가능성이 높다. 멸종위기에 직면한 한국귀신고래가 그 마지막 보금자리마저 위협받고 있는 것이다.

이곳에서 귀신고래를 연구 중인 미국 남서수산연구소 소속의 데이브 웰러(Dave Weller) 박사는 "걱정스런 부분은 수중소음인데 수중소음이 고래의 번식에 어떤 영향을 미치는지 현재 연구 중에 있다. 무엇보다 가장 큰 걱정은 석유누출이다. 이곳의 귀신고래들을 보호하기 위해서는 고래보호의 과학적인 방법과 석유·가스개발 프로그램이 서로 연계하는 국제적인 협력이 필요하다."고 강조했다.

귀신고래 보호 캠페인을 벌이는 드미트리 리시친

필자는 2004년 겨울에 러시아 블라디보스톡에서 SEIC의 환경매니저 제임스 로빈슨(James Robinson)씨를 직접 인터뷰 했는데 그녀는 SEIC가 귀신고래에 대한 연구와 모니터링(감시)을 97년부터 후원하고 있다면서 사할린 바다의 석유·가스 채굴과 관련하여 귀신고래의 개체군에 주는 영향을 최소화할 것을 약속한다고 원론적인 답변만 들려주었다.

사할린 필튼만의 한국귀신고래를 보호하기 위해 힘써온 러시아 환경운동가가 있다. 그가 바로 드미트리 리시친(Dmitry Lisitsyn)인데 석유와 가스개발로 한국귀신고래가 멸종위기에 처했다는 사실을 알고 나서부터 20년 동안 SEIC측과 열심히 싸워온 사람이다. 고래보호를 위한 그의 지칠 줄 모르는 투쟁과 지속적인 헌신을 인정받아 드미트리는 2011년에 환경분야의 노벨상이라고 불리는 골드만 환경상을 수상하기도 했다.

겨울이면 한국귀신고래는 어디로?

사람처럼 허파호흡을 하는 고래들은 겨울바다가 얼기 전에 서둘러 남쪽바다로 내려가야 한다. 얼음에 갇히기라도 하면 물 밖으로 코를 내밀고 숨을 쉬지 못해 익사할 수도 있기 때문이다.

여기 한국귀신고래들이 먹이를 먹는 사할린 북쪽바다는 11월이 되면 크고 작은 얼음덩어리들이 둥둥 떠다니면서 바다는 마치 스무디처럼 끈

블라디보스톡 항구의 겨울 풍경

적끈적해진다. 그리고 12월에 들어서면 바다는 꽁꽁 얼어버린다. 러시아 동쪽 끝 블라디보스톡이 부동항(不凍港)이라고 하지만 한창 추울 때인 1월에 필자가 블라디보스톡에 갔을 때 그곳 연안의 얕은 바다는 꽁꽁 얼어 있었다. 단지 먼 바다는 파도가 일어 완전히 얼진 않아서 아침마다 쇄빙선이 항내에서부터 먼 바다까지 얼음을 깨면서 배가 다니도록 긴 물길을 내는 걸 봤다.

필트만의 귀신고래들은 10월부터 남쪽으로 이동을 시작하기 때문에 11월초가 되면 필튼만에서 귀신고래를 찾아 볼 수 없다. 이렇듯 추워지면 귀신고래들이 분명히 남쪽으로 이동을 하는 것은 맞는데 필튼만 남쪽으로 이동하는 귀신고래들은 다 어디로 가는 것일까? 이 의문은 사실상 21세기 해양포유류 연구자들이 전혀 풀지 못하는 최대의 수수께끼다.

우리가 추측해 볼 수 있는 한국귀신고래의 이동경로는 3가지 정도다. 먼저 오호츠크해에서 한반도의 동해안을 따라 이동하는 경로이고 두 번째는 일본열도의 동쪽바다를 따라 이동하는 경로와 나머지는 일본열도의 서쪽바닷길이다. 그런데 고래를 한창 잡을 때였던 1948년~1966년 동

귀신고래의 3가지 회유경로

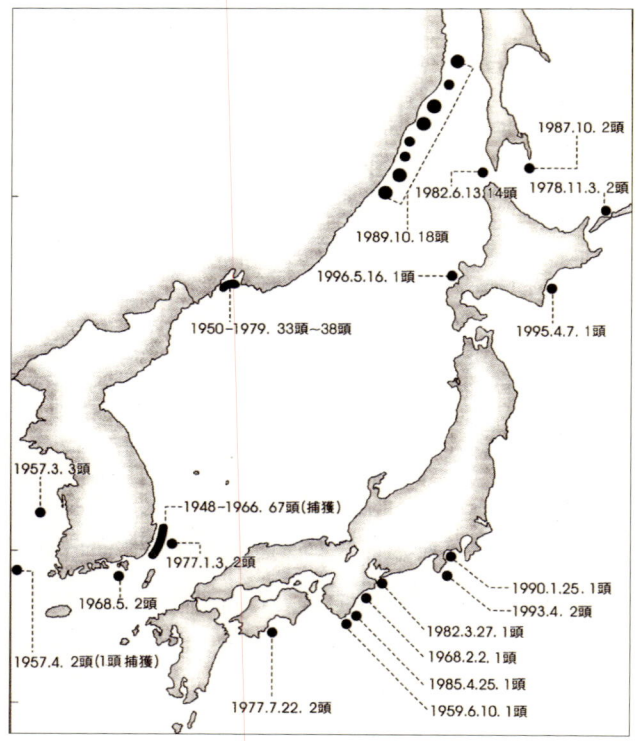

귀신고래 발견·포획 위치

안 울산 인근 동해남부 연안에서 포획된 귀신고래의 수는 67마리인데 반해 같은 기간 일본해역에서 잡힌 귀신고래의 수는 10여 마리에 불과했다. 이러한 사실로 볼 때 과거 귀신고래의 주된 이동경로는 한반도 연안이었다.

한국귀신고래가 남쪽으로 이동한다면 분명 북한과 러시아의 국경인 두만강 하구를 지나 북한해안을 거쳐 우리바다로 내려와야 하는데 우리바다에선 귀신고래를 찾아 볼 수가 없다. 물론 북한에서도 귀신고래를 봤다는 얘긴 들리지 않는다. 어찌된 일일까? 물론 100여 마리에 불과한 고래들이 그 넓은 바다에 흩어졌다면 모래밭에서 바늘 찾기만큼 어렵다고도 할 수 있겠다.

그리고 귀신고래는 육지에서 가까운 곳을 지나기 때문에 인간생활의 영향을 많이 받는다. 그렇기에 우리바다의 연안환경이 고래가 오지 않는 이유가 되기도 한다. 사실상 전 세계에서 선박왕래가 가장 많은 곳이 우리바다일 것이다. 대륙으로 진출할 길이 없는 한국도 일본과 똑같은 섬나라가 아닌가, 당연히 바다를 통해 모든 물류가 오갈 수밖에 없다. 우리는 수산물 소비도 많아 우리바다엔 어선도 많고 그물도 많다. 그리고 바다양식장도 세계에서 가장 많은 곳이 우리바다가 아닐까, 심지어 1998년엔 북

우리바다에서 그물 등에 걸려 혼획된 고래

한의 잠수정이 우리바다의 그물에 걸려 좌초될 정도였고 매년 우리바다에서 그물에 걸려 죽는 고래만해도 500마리가 넘는다.

그리고 한반도 주변 바다 아래엔 잠수함도 많다고 한다. 우리를 둘러싼 군사강대국들의 잠수함이 대한해협과 동해를 지나다니지 않겠는가, 특히 잠수함은 소나(Sonar)를 통해 음파를 발사하는데 이 잠수함의 음파가 고래들에겐 치명적이라고 한다.

한국 국방연구원 박영철 연구위원은, 잠수함의 소나는 수중 침투하는 적들의 고막을 터트릴 정도로 고출력인데 해양포유류에겐 치명적이라고 한다. 이런 이유로 2009년엔 미국 해군과 환경단체인 천연자원보호협의회(NRDC)가 고래에 악영향을 줄 수 있는 수중음파 탐지기 '액티브 소나(Active Sonar)'의 사용을 제한하는 합의를 했을 정도였다. 이런저런 이유로 우리바다로 내려오는 귀신고래의 바닷길이 완전히 막혀버린 것은 아닐까 하는 것이 이 땅 고래학자들의 걱정이다.

고래에게 위협이 되는 인위적인 수중 소음은 잠수함의 능동 소나뿐 아니라, 대형 상선의 프로펠러 소음, 훈련 중인 군함에서 사용하는 소나, 해양 개발 과정에서 발생하는 충격파 등 다양한 원인에서 비롯된다. 이러한 수중 소음은 고래의 의사소통과 이동을 방해하고 심할 경우 청각 손상과 좌초로 이어질 수 있다는 연구 결과가 보고되고 있다.

미국남서수산연구소, 데이브 웰러(Dave Weller) 박사의 인터뷰

"사할린의 귀신고래에게 위성표식을 붙일 수도 있다. 그러나 현재 이곳 귀신고래의 개체군이 많지 않아서 선뜻 시도할 수가 없다. 위성표식은 사실 고래의 건강한 조직을 상당히 해치기 때문이다. 더군다나 위태로운 멸종위기의 개체군은 사실상 스트레스로 지쳐있다. 그래서 그들의 연구는 항상 조심스럽다. 한국바다에서 귀신고래가 보이지 않는 것은 그물과 어선 같은 어업활동을 피하기 위해 고래가 해안에서 멀리 떨어져 지나간다고 본다. 그래도 사할린의 귀신고래는 한반도의 바다를 통해 남쪽으로 이동한다고 확신한다. 한국바다에서 그들을 찾으려는 지속적인 노력이 필요하다."

한국귀신고래는 어디서 새끼를 낳나?

겨울이 오기 전에 오호츠크해를 떠난 한국귀신고래는 남쪽바다로 내려와 짝짓기도 하고 새끼를 낳을 것이다. 그런데 어디서 새끼를 낳을까? 이 질문에 답할 사람은 솔직히 이 지구상에 아무도 없다고 해도 틀린 말이 아니다. 아무도 본 사람이 없기 때문이다. 단지 사람들의 접근이 쉽지 않고 파도가 잔잔하면서 주변이 조용한 바다에서 새끼를 낳지 않을까 상상만 할 뿐이다. 귀신고래가 새끼를 낳을 만한 그런 바다는 과연 어디일까? 우리 남해의 다도해? 아니면 일본의 세토내해? 그것도 아니면 중국 남쪽 하이난섬 인근의 바다? 아무리 생각해도 아리송할 뿐이다.

한국귀신고래가 지금보다 훨씬 많았던 과거의 기록은 뭐라고 했을까? 일본인 세키자와(關澤)의 1893년 기록에 의하면 '낙동강 하구에 귀신고래가 대단히 많았다' 고 했고 한국통어지침(1903년, 葛生 著)에 의하면 '귀신

반구대의 새끼 업은 고래그림

고래는 경상, 전라도 연안에 많고 만 내, 해협 등 연안에 많이 출몰한다'고 했다. 1899년에 기록된 일본 포경선의 항해일지를 보면, 1월 13일에 포경선이 포항의 영일만에 진입했는데 백 여 마리의 귀신고래가 만 안에서 놀고 있었다고 했다. 과거 영일만은 미역과 같은 해중림이 많았는데 귀신고래가 새끼를 낳기에 좋은 환경이었다고 볼 수도 있겠다.

1912년 울산 장생포에서 귀신고래를 조사했던 미국학자 로이 채프만 앤드류스는 "11월과 12월에 잡힌 귀신고래 암컷은 출산이 임박한 상태였다. 이 태아는 울산바다를 지난 뒤 2~3주 내에 분만할 것이므로 분만은 한반도 최남단의 무수히 많은 작은 섬들 사이의 좁은 바다에서 행해졌을 것이다"라고 했다. 해방 후 포경선 포수생활을 했던 방만술 씨도 포를 맞은 고래 중에서 새끼 밴 고래를 본 적이 있다고 했고 포수 김상복 씨 또한 귀신고래가 12월부터 남하하는데 내려올 때는 1마리지만 올라갈 때는 새끼를 데리고 올라가는 경우를 많이 봤다고 했다. 그런데 어디서 새끼를 낳는지는 알지 못한다고 했다.

2004년 국립수산과학원 고래연구소 김장근 박사는, 태화강 하구에 해당하는 울산만이 과거 귀신고래의 번식장일 가능성이 있다고 했다. 그는 울산만의 상류에 있는 반구대 암각화에 새끼를 등에 업은 고래그림이

귀신고래가 회유했던 울산앞바다의 현재 모습

그 증거라고 하면서 그 당시 현재의 울산만은 물론 울산시가지 상당 부분이 물속에 잠겨 있었을 것이므로 울산만 전체가 내륙으로 쑥 들어온 거대한 석호(潟湖)였을 것이라고 했다. 그 호수 같은 바다가 귀신고래 번식 조건의 하나라고 주장했다.

일본원양수산연구소 히데히로 가또 박사는 필자와의 인터뷰에서 "과거엔 귀신고래가 한국의 울산에서 번식한다는 논문도 있었으나 지금은 중국 남쪽 하이난섬 주변까지 이동하는 걸로 알려져 있다. 그렇다

히데히로 가또 박사

해도 다른 곳과 비교해서 귀신고래가 울산에 유독 많았다는 사실은 연구대상이다. 만약 귀신고래가 울산을 찾았던 특별한 요인을 잘 알게 된다면 귀신고래 개체수를 회복하는데 큰 도움이 될 것이다. 한국의 연안환경이 많이 바뀌긴 했지만 환경이 바뀌었다 해서 회유경로가 바뀐 것은 아니라고 본다."

한 때 일본의 혼슈와 시코쿠 사이의 바다인 세토 내해가 귀신고래의 번식장일 것이라는 주장도 있었으나 세토 내해의 겨울 수온이 고래가 새끼를 낳기에는 너무 추운 환경이고 우리 남해바다 또한 겨울 수온이 고래의 번식장으로선 수온이 낮은 편이다. 캘리포니아 귀신고래가 새끼를 낳는 멕시코 바하캘리포니아 바다의 겨울 수온이 21도 정도인데 과거 귀신고래가 출몰했던 중국 하이난섬 바다의 겨울 수온 또한 21도 정도로 멕시코 귀신고래 번식장과 비슷한 수온이다. 그렇지만 2000년 이후로 하이난섬 인근에서 귀신고래를 봤다는 얘긴 들리지 않는다.

과거의 기록이나 증언에도 귀신고래가 어디서 새끼를 낳았다는 구체적인 장소는 물론 귀신고래가 새끼 낳는 것을 봤다는 목격담도 찾을 수 없다. 한국귀신고래가 지금보다 훨씬 많았던 그 시절에도 그러했을 정도면 귀신고래가 100여 마리뿐인 지금 상황에서 기적이 일어나지 않는 한 귀신고래의 번식장소를 어떻게 찾겠는가? 한국귀신고래의 번식은 해양포유류 역사에 있어 가장 큰 미스테리다.

귀신고래의 바다를 천연기념물로 지정하다!

1900년대에 들어선 이후 귀신고래가 출몰했거나 포획된 위치를 보면 우리 한반도 동해안에 집중됐음을 알 수 있다. 과거 귀신고래는 참고래와 함께 우리 동해에서 가장 흔한 고래였다.

기록에 의하면 1905년부터 1945년까지 일본포경회사가 우리바다에서 6,500마리의 고래를 잡았는데 이 중에 1,547마리가 귀신고래였다. 가장 많이 포획된 1912년엔 한 해에 188마리의 귀신고래가 잡혔다. 이렇게 많이 잡다보니 1933년 이후에는 귀신고래 포획량이 급감했다.

일본은 급속도로 자취를 감추고 있는 귀신고래에 대해 1937년부터는

귀신고래 출몰 및 포획위치를 나타낸 지도(1900년대 이후)

보호종으로 지정하기도 했다. 해방 후 1962년에 우리정부가 귀신고래가 회유하는 우리 동해안을 "울산극경회유해면(蔚山克鯨回遊海面)"이라 해서 천연기념물로 정했고 최근엔 "울산귀신고래회유해면"으로 이름을 바꾸었다. 아래 왼쪽의 사진이 1962년에 세운 천연기념물 표지석이고 오른쪽 사진이 2008년에 '극경'을 '귀신고래'로 이름을 바꿔서 세운 표지석이

1962년에 세운 천연기념물 표지석   2008년의 천연기념물 표지석

다. 두 표지석 모두 현재 장생포에 있는 울산고래박물관 앞, 바닷가에 세워져 있다. 고래가 천연기념물이 되어야 하는데 고래가 사라지고 없으니 고래가 뛰놀던 바다를 천연기념물로 정한 아주 드문 사례라 하겠다.

그러나 너무 늦었던 것일까? 천연기념물로 정한 이후에도 귀신고래의 자취는 우리바다에서 찾을 수 없다. 1948~1963년에는 울산 간절곶과 포항 호미곶 사이 해안에서 62마리의 귀신고래를 잡았다는 기록이 있다. 일제 36년 동안 무려 1,500마리 이상 남획한 것이 한국귀신고래에겐 치명타였다. 1964년에 동해에서 5마리가 포획되고 1966년에 1마리가 포획된 이후로 귀신고래는 우리바다에서 더이상 잡히지 않았다.

포경선 포수생활을 했던 장생포의 김해진씨는, 귀신고래가 북으로 북상할 때는 3월경부터 우리바다를 지나는데 속도가 아주 빨랐다고 한다. 그가 고래를 잡을 때만 해도 귀신고래는 몇 년에 한두 번 목격될 정도였는데 1965년과 1966년엔 3월이면 북쪽으로 이동하는 귀신고래를 직접 보기도 했다고 한다. 그리고 1977년 1월에 울산 방어진앞 해상에서 남하(南下)하는 2마리의 귀신고래가 목격된 이후 한국연안에서 귀신고래를 봤다는 얘기는 들리지 않는다.

그렇지만 러시아 필튼만에서 한국귀신고래를 연구하는 미국 고래학자 데이브 웰러(Dave Weller) 박사는 "한국해안이 다른 어느 바다보다 복잡하긴 하나 발견을 못해서 그렇지 우리 바다를 분명히 지나갈 거라고

호미곶 등대 위에서 망원경으로 고래를 찾는 연구원들

본다"고 힘주어 말했다.

 2003년 12월부터 2004년 1월까지 2주간에 걸쳐 국립수산과학원 고래연구소 연구원들은 포항 호미곶 등대 위에서 귀신고래를 집중적으로 관측했다. 1940년대 이전의 포경기록에 의하면 이 시기가 귀신고래가 가장 많이 우리 연안을 지나는 시기였기 때문이었다. 이 조사엔 필자도 함께 했는데 추운 날씨에 언 손을 비벼가며 바람 부는 등대 위에서 망원경으로 바다를 바라보며 지켰지만 2주 동안 고래를 발견하지는 못했다.

 호미곶 주변은 수심이 얕고 어획활동도 많다. 덩치 큰 고래가 연안으로의 접근이 곤란했을 수도 있다. 이 땅의 고래연구자들은 우리 연안으로 반드시 한국귀신고래가 찾아올 거라는 희망을 버리지 않았다. 언젠가는 한국귀신고래를 우리바다에서 꼭 발견하리라는 기대와 함께 고래연구소는 매년 우리바다에서 고래탐사를 해오고 있지만 안타깝게도 아직까지 귀신고래를 발견하지는 못했다.

 국립수산과학원 김장근 박사는, "한국귀신고래가 100여 마리라면 한

귀신고래 현상금 포스터

참고래 해체 장면

국해안을 지나는 고래는 고작 몇 마리에 불과할 것이다. 그들이 캄캄한 밤에 지나가거나 폭풍우가 칠 때 지나간다면 사람들은 알아차리지 못할 것이다. 우리 눈에 보이지 않는 것이 불가사의하지만 발견되지 않을 뿐 아직도 우리 바다를 지나간다고 본다. 또 원래 귀신고래는 얕은 바다로 이동하지만 우리 연안의 환경이 복잡해서 귀신고래가 먼 바다로 이동할 수도 있다. 선박에서 발견할 때 즉각 신고하는 홍보도 필요하고 무엇보다 우리 연안생태계를 회복하여 귀신고래가 다시 돌아올 수 있도록 해양과학이 총동원되어야 할 것이다."고 말했다.

2004년에 필자는 당시 고래연구소 김장근 박사와 함께 귀신고래 현상금 포스터를 만들었다. 우리바다에서 귀신고래 사진이나 동영상을 찍어오면 500만 원의 포상금을 준다는 내용이었다. 2010년 이후로는 그물에 걸리거나 죽은 귀신고래를 신고하면 1천만 원을 준다는 내용까지 추가되었다. 하지만 아직까지 이 포상금을 받아간 사람은 아무도 없다.

귀신고래는 12월과 1월 두 달에 걸쳐 북에서 내려와 포항·울산 앞바다를 지나 남으로 내려간다. 이동할 땐 육지에서 5마일(8km) 이내를 벗어나지 않고 또 숨 쉴 때는 코만 내놓고 숨을 쉰다. 반면 귀신고래보다 덩치가 훨씬 작은 밍크고래는 헤엄칠 때 수면으로 물을 뿜지 않는다. 우리바다에서 귀신고래를 보지는 못했지만 2004년 1월에 우리는 혼획된 참고래 한 마리를 촬영할 수 있었다. 그동안 우리바다에서 참고래의 혼획은 83년과 90년 그리고 2002년 3차례뿐이었다.

당시 참고래는 길이 10m정도의 새끼였지만 그래도 고래해체 전문가 주태화 씨가 밤을 꼬박 새며 해체작업을 했을 정도였다.

일본, 중국 바다의 귀신고래

그런데 우리바다에서 자취를 감춘 귀신고래가 일본바다에서는 가끔씩 출몰한다는 사실을 아는가? 아래 사진은 지난 2003년 일본 시즈오카바다에 나타난 귀신고래인데 당시 일본열도가 들썩일 정도로 큰 관심을 끌었다. 연일 방송사 헬기로 귀신고래를 추적하며 생방송을 할 정도였는데 이처럼 귀신고래의 발견은 일본에서도 국민적인 큰 관심사이기도 하다.

일본의 고래학자 가또 박사에 의하면, 사진 속의 귀신고래가 나타난

 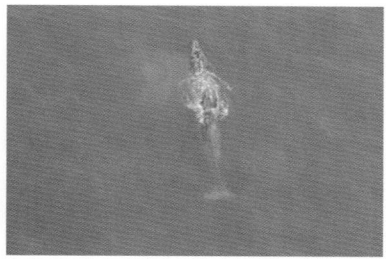

일본바다에 나타난 귀신고래, 시즈오카 방송국 촬영 영상

때가 5월이었고 귀신고래는 북쪽으로 이동 중이었다고 한다. 해안에서 300m쯤 떨어진 곳에서 헤엄치고 있던 귀신고래는 몸길이 9m정도로 아직은 청년기의 귀신고래였다.

가또 박사는 "지난 50년간 일본바다에서 귀신고래가 10번 정도 관측됐는데 그 대부분이 일본의 동쪽 해안, 즉 태평양쪽에서 발견됐다. 그리고 지금까지 일본열도를 찾아온 귀신고래는 전부 젊은 고래들이었고 무리를 지어 나타난 게 아니라 항상 1마리씩이었다. 혹시라도 길을 잃은 고래가 아닐까 하는 생각도 지울 수 없지만 한편으로는 일본열도의 해안은 젊은 고래들의 전용 회유로가 아닐까 추측한다. 고래의 성장 여부에 따라 회유로가 다를 수도 있으니까" 라고 덧붙여 말했다.

이렇듯 80~90년대에 걸쳐 일본바다에서 귀신고래가 수차례 발견되자 오무라 히데오 등 일본학자들은 세토내해가 귀신고래의 새로운 번식장이고 귀신고래들은 겨울철엔 이 세토내해에 머무르다가 여름이면 오호츠크해로 북상한다는 새로운 회유경로를 제시하기도 했다.

일본만 그런 것이 아니다. 80년대엔 중국의 남쪽바다 하이난섬(海南島) 연안에서 귀신고래들이 발견되고 또 발해만의 요동반도 해안

중국 연안의 귀신고래 발견 위치와 회유 경로

에서도 이동하는 귀신고래가 몇 차례 발견되자 중국의 고래학자 왕필리(王㐱烈)는 해남도 인근 바다가 귀신고래의 새로운 번식장이라고 주장했다. 우리로선 귀신고래의 전통적인 회유경로는 우리바다라고 말하고 싶으나 우리바다에서 귀신고래가 발견이 되지 않으니 중국, 일본의 주장에 대해 딱히 뭐라고 반박을 못하는 형편이다.

한국귀신고래, 그 이름을 잃어가고 있다!

이처럼 한국귀신고래가 동아시아 바다에서 점차 사라져 가고 있고 더군다나 우리 바다에서 전혀 발견되지 않다 보니까 지금 '한국귀신고래'라는 이름마저도 점차 사라지고 있다. 이제는 세계의 고래학자들도 '한국귀신고래(Korean gray whale)' 라는 이름을 잘 쓰지 않는다. 1990년대 국제포경위원회(IWC) 심포지엄에서는 '아시아 귀신고래(Asian gray whale)'라고도 했고 요즘은 '귀신고래의 서태평양 무리(West pacific stocks of gray whales)' 정도로만 적을 뿐이다. 10여 년 전에 어느 러시아 논문에서 아주 드물게 '한국-오호츠크 귀신고래(Korean-Okhotsk gray whale)' 라는 이름을 보기는 했다.

그렇지만 과거에는 태평양 서쪽에서 귀신고래가 가장 많이 존재했던 곳은 분명히 한반도 바다였다는 사실만은 오늘날 많은 해양포유류 학자들도 인정하고 있다. 20세기 초만 해도 대부분의 귀신고래 포경이 우리 동해 연안에서 이뤄졌을 정도로 우리 동해안이 귀신고래의 주된 회유경로였던 것이다. 한국바다에서 조사를 충분히 하지 않아서 그렇지 한국바다에도 귀신고래가 있다고 보는 견해가 지배적이다.

일본 고래학자 히데히로 가또 박사는 "상황이 조금 바뀌었다 해서 과거에 부르던 이름을 버리고 다른 이름으로 부르는 것은 동물계통에서는

 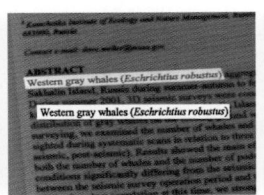 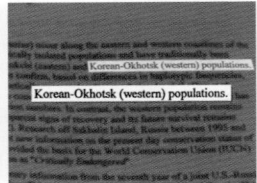

논문 속에 등장하는 한국귀신고래의 다른 이름들

바람직하지 않다고 본다"고 했다. 국립수산과학원 손호선 박사는 "우리 학자들이라도 '한국귀신고래' 라는 이름으로 귀신고래에 대한 논문을 활발히 발표해야 한다"고 주장한다.

한국귀신고래가 우리바다에서 한번이라도 나타나 준다면 그것은 정말 해양포유류 역사에서 대단한 사건이 될 것이다. 한국귀신고래(Korean gray whale) 라는 이름을 전 세계 사람들에게 다시 각인시키는 계기가 될 것이고 잃어버린 우리 해양포유류의 역사를 다시 회복하는 일이 될 것이다. 그렇게 된다면 '동해' 라는 우리바다의 이름과 그 바다 한가운데 있는 '독도' 가 한국 땅임을 전 세계인들에게 자연스레 알리는 기회가 될 수도 있지 않겠는가?

드디어 우리바다에 나타난 귀신고래

2015년, 유튜브에 영상이 하나 올라온다. 영상의 제목은 '삼척, 해상에서 고래를 보았어요' 였다. 육지 가까이 접근한 고래를 스마트폰으로 촬영한 영상이었는데 화질이 아주 선명하지는 않지만 덩치 큰 고래가 물위로 몸을 드러내고 분기를 내뿜는 장면이 분명히 찍혀 있다. 고래영상이 촬영된 때는 2015년 2월 28일, 영상의 길이는 1분이 좀 넘었다. 당시엔 이 고래가 무슨 고래인지 알아본 사람이 없었다. 단지 큰 고래 한 마리가 길을 잘못 들어 육지 가까이 접근했나 보다 생각 했을 것이다.

그런데 이 영상이 게시된 지 2년이 훨씬 지난 뒤인 2017년 10월, 고래연구소의 김현우 박사가 이 영상을 보게 되었다. 그는 깜짝 놀랐다. 사진 속의 고래가 고래연구자들이 그렇게 애타게 찾던 귀신고래가 아닌가, 영상에 찍힌 고래 몸이 선명하게 드러난 게 아니어서 일반인들이 보기엔 무슨 고래인지 분간하기가 쉽지 않다. 그러나 김현우 박사는 2003년부터 2007년까지 사할린의 오호츠크바다에서 한국귀신고래를 직접 눈으로 보며 연구했던 사람이 아닌가, 대한민국에서 김 박사만큼 한국귀신고래를 눈으로 많이 봐온 사람도 없었다.

김 박사는 영상 속에 찍힌 고래가 내뿜는 분기의 모양, 등을 살짝 내밀고 잠수하는 일정한 패턴, 몸뚱이에 드러나 있는 흰색 무늬를 통해 볼 때 귀신고래가 틀림없다고 확신했다. 더구나 영상에 담긴 사람들의 대화 속에 "덩치가 하얀 게 따개비도 막 나고 그래, 몸길이가 15m 이상 되겠는데..." 라는 말이 결정적으로 귀신고래 라는 사실을 뒷받침해 주었다.

김현우 박사는 이 영상을 찍은 사람을 찾고자 했다. 영상의 댓글에 고래연구소로 꼭 연락을 달라는 글을 남겼지만 연락은 오지 않았다. 김 박사는 영상이 촬영된 정확한 장소를 찾기 위해 삼척항을 찾았다. 사진 속에 등장하는 노란 등대와 방파제를 찾기 위해 삼척항을 다 뒤졌다. 그리고 마침내 고래를 촬영한 장소를 찾게 되었다. 긴 방파제와 그 방파제 중

삼척바다에 나타난 귀신고래를 촬영한 유튜브 영상

간쯤에 있는 노란 등대, 그리고 영상에 찍힌 난간의 구조물까지 똑같은 장소를 찾았다.

그곳은 삼척시 원덕읍에 위치한 삼척화력발전소의 항만 시설 근처였다. 2017년에 김 박사가 이곳을 찾았을 때는 방파제가 모두 완공돼 있었으나 고래가 찾아왔던 2015년 영상에는 방파제 공사가 한창 진행 중이었던 걸로 나타난다. 김 박사가 고래영상을 찍었던 장소에 섰을 때 영상 속에 고래가 나타난 지점까지는 20m쯤 떨어진 거리였다는 걸 알 수 있었다.

김현우 박사는 한국바다에서 한국귀신고래가 나타났다는 사실을 즉시 국제포경위원회(IWC)에 보고했다. 보고서의 제목은 'Possible occurrence of a Gray Whale off Korea in 2015'(2015년, 한국 근해에서 귀신고래 출현 여부) 였다. 1977년에 우리바다에서 마지막으로 목격된 한국귀신고래가 약 40년 만에 우리바다에 다시 나타난 것이다. 더군다나 그 이름조차 잊혀져 가는 한국이라는 이름의 귀신고래가 그들의 고향바다에 다시 등장한 것이 아닌가, 이것은 우리나라 사람들에게도 빅뉴스지만 세계 해양포유류역사에 있어서도 일대 사건이 아닐 수 없다.

그런데 지구촌을 들썩이고도 남을 이 엄청난 사건이, 뉴스가 된 적도 없고 우리 국민들조차 전혀 모르고 있었다는 사실이 더 놀라울 따름이다. 물론 고래영상이 선명하지 못해 김현우 박사 외에 다른 고래연구자들이 영상 속의 고래가 귀신고래가 맞다고 선뜻 인정하기는 쉽지 않았을 것이다. 그러나 우리나라에서 유일하게 한국귀신고래를 연구한 김현우 박사는 귀신고래만의 독특한 피부색깔과 분기하는 몸동작 등을 볼 때 영상 속의 고래는 분명히 귀신고래가 맞다고 확인해 주었다.

한국귀신고래에 대한 현상금까지 걸고, 매년 귀신고래를 발견하고자 우리바다에서 조사를 벌려왔지만, 정작 한국귀신고래가 우리바다를 찾

| 김현우 박사가 발견한 귀신고래 촬영지점 | 귀신고래 출현에 대한 IWC 보고서 |

아 왔을 땐 우린 전혀 환영준비가 돼있지 못했다. 그것도 감시와 경계로 한시도 긴장을 놓지 못하는 분단된 나라의 군사경계선을 목숨을 걸고서 넘어왔는데도 말이다.

2015년에 발견된 그 귀신고래는 어디를 열심히 가고 있었을까? 영상이 찍힌 때가 2월이었으니까 귀신고래는 추운 오호츠크의 바다를 떠나 한반도 해안을 따라 남쪽으로 열심히 헤엄쳐 가고 있었던 모양이다. 물론 그 고래가 가족과 떨어져 길을 잃고 혼자서 우연히 우리바다를 찾아왔을 수도 있을 것이다. 그러나 연어가 모천(母川)의 냄새를 기억하듯, 먼 옛날 귀신고래의 조상 때부터 다녔던 그 바닷길을 찾아가라는, 회귀본능

이 이 젊은 귀신고래를 고향의 바다로 이끌지 않았을까 생각해 본다.

우리바다의 귀신고래는 겨울이면 북한해안을 따라서 남쪽으로 이동하기 마련이고 반대로 여름이면 우리바다를 거쳐서 북한해역을 지나게 된다. 한국귀신고래의 회유경로를 조사하기 위해선 남북 간의 협력과 긴밀한 정보교환이 꼭 필요하다. 이렇게 남과 북이 서로 함께 귀신고래 조사와 연구를 진행하다보면 남북 간 긴장완화에도 도움이 되지 않을까, 어쩌면 한국귀신고래가 남북통일의 아이콘(icon)이 될 수도 있겠다는 생각은 필자만의 억지일까?

태평양을 가로지르는 한국귀신고래

2011년, 한국귀신고래의 회유경로를 두고 획기적인 사건이 발생한다. 그 해 10월, 미국과 러시아 연구자들이 한국귀신고래의 이동경로를 알아보고자 사할린에서 7마리 귀신고래에게 위성추적장치(GPS)를 붙였다.

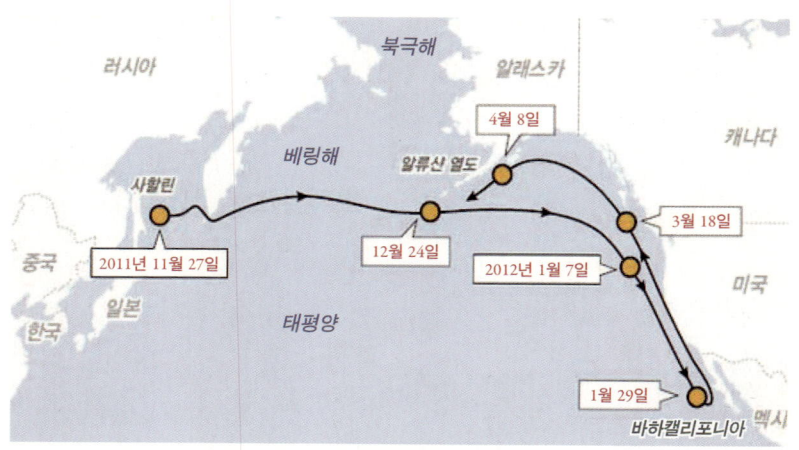

바바라의 이동경로

그런데 한국, 일본 쪽으로 갈 줄 알았던 예상을 뒤엎고, 9살 난 암컷 귀신고래 '바바라'를 포함해 세 마리의 귀신고래가 태평양 동쪽으로 헤엄쳤다. 특히 사할린을 출발한 바바라는 그 해 11월 27일에 오호츠크해를 떠난 뒤, 한 달 뒤인 12월 24일엔 알류샨 열도에 도착했다. 그리곤 북아메리카 서쪽 해안을 따라 헤엄치면서 캐나다 밴쿠버와 미국 시애틀을 거쳐 멕시코의 바하캘리포니아까지 1만 880km를 이동했다. 바하캘리포니아는 캘리포니아 귀신고래들이 겨울을 나며 번식하는 곳이 아닌가.

바바라는 왜 캘리포니아까지 갔을까? 2003년부터 2007년까지 5년 동안 사할린에서 한국귀신고래를 연구한 김현우 박사는 이렇게 말했다. "바바라가 애초부터 한국귀신고래가 아닌 캘리포니아 귀신고래였을 가능성이 있습니다. 캘리포니아 귀신고래는 원래 알래스카와 베링해 연안에서 먹이활동을 하는데 무리에서 떨어져 서쪽으로 좀 더 이동해 사할린까지 와서 한국계 귀신고래와 섞여 지냈다고 추정할 수 있어요. 바바라의 회유는 아주 이례적이라고 봐야 할 것입니다."

귀신고래 바바라 때문에 전세계 해양포유류 학자들은 일대 혼란에 빠졌다. 바바라가 원래 한국귀신고래인가? 아니면 캘리포니아 귀신고래인가? 이제는 귀신고래를 두 무리로 구분을 짓는 것 자체가 무의미하지 않은가 등 여전히 학자들의 논란은 뜨겁다.

물론 이전에도 베링해에서 먹이활동을 하던 캘리포니아 귀신고래가 캄차카반도까지 내려오는 경우도 있긴 했었다. 하지만 더 남쪽에 있는 사할린까지 진출한다는 건 고래학자들로서는 쉽게 납득할 수 없었다.

바하캘리포니아에 42일 동안 머문 뒤 귀신고래 바바라는 다시 북상길에 올라 2012년 4월 경에는 알류샨 열도를 찍고 다시 사할린으로 돌아오고 있다. 귀신고래 바바라는 172일 동안 태평양을 왕복하면서 무려 2만 2,511km를 이동했는데 평균속도는 시속 5.5km로 나타났다.

바바라 연구 결과는 멸종위기에 처한 한국귀신고래에게 한줄기 희망이 될 수도 있을 것이다. 사할린 앞바다의 한국귀신고래가 캘리포니아귀신고래와 교류하면서 번식할 가능성도 있기 때문이다.

바바라 사례를 계속 조사해온 IWC(국제포경위원회) 과학위원회는, 캘리포니아 귀신고래의 개체수가 과거보다 크게 늘어났다는 사실에 주목하고 있다. 고래들이 많아진 만큼 먹이경쟁도 치열할 것이고 그렇다 보니 서식지 경쟁에서 밀려난 고래들이 베링해에서 오호츠크해로 이동해 올 가능성이 높다고 보고 있다. 더구나 귀신고래가 북극해를 지나 대서양까지도 이동하는 사례도 있어 베링해와 가까운 캄차카반도를 따라 오호츠크해로 들어오는 건 그리 어렵지 않다는 것이다. 캘리포니아 귀신고래 개체수가 많아지면서 그 서식지와 회유경로에 또 어떤 변동이 생길지 알 수 없는 상황이 돼버렸다.

미국 동부해안에 나타난 귀신고래

2000년대 이후로 귀신고래의 이상한 회유에 대해서 보고가 많았다. 지중해는 귀신고래의 서식지가 아닌데도 2010년엔 지중해에서 귀신고래가 발견되기도 했다. 그 해 5월 8일 이스라엘 앞바다에서 귀신고래가 처음 포착됐는데 이 귀신고래는 22일 뒤엔 스페인 바르셀로나 앞바다에서 발견되기도 했다.

이 놀라운 현상에 대해 과학자들이 내놓은 가장 유력한 가설은, 캘리포니아 귀신고래가 러시아 북극바다를 지나 대서양을 거쳐 지중해로 왔을 것이라는 주장이다. 기후변화로 인해 북극해가 얼지 않으면서 왕복 3만km에 이르는 장거리 여행이 가능했으리라는 추정이다.

급기야 2024년에는 미국인들을 흥분시키는 일이 발생했다. 대서양에

뉴잉글랜드 낸터켓(Nancutket) 위치

서 멸종된 귀신고래가 200년 만에 대서양의 북미해안에 다시 나타난 것이다. 그 해 3월 5일에 매사추세츠주 뉴잉글랜드 아쿠아리움은, 뉴잉글랜드 낸터켓(Nancutket)에서 남쪽으로 48km 떨어진 해상에서 먹이활동을 하는 귀신고래를 촬영했다고 발표했다. 당시 미국방송사 NBC가 이 내용을 방송해 미 동부에서는 대단한 화제가 되기도 했다.

2024년에 뉴잉글랜드 해안에 나타난 귀신고래 (출처 : 뉴잉글랜드 아쿠아리움)

발견된 고래는 등지느러미가 없는 대신 등에 한 줄로 늘어선 혹이 뚜렷하고 피부는 흰 색 반점이 많은 회색으로 귀신고래가 확실했다. 200년 넘게 대서양에서 멸종된 줄 알았던 회색고래가 다시 나타난 이 사건은 고래연구자들에겐 충격 그 자체였다. 그들은 "믿을 수 없다. 이 동물은 이 해역에 존재해서는 안 된다." 면서 "이건 정말 미친 짓이고 동시에 신나는 일이다." 라고 감탄을 아끼지 않았다.

그러면서 고래연구자들은 이것은 기후위기에 대한 경고의 신호라고 힘주어 말했다. 2021년에는 프랑스 남부 지중해에서 헤엄치고 있는 귀신고래가 발견되는 등 지난 15년 동안 대서양과 지중해에서 회색고래가 5차례나 목격됐다고 하면서 북극해의 얼음이 녹아 태평양의 귀신고래가 대서양으로 흘러들어 온 것이 틀림없다고 주장했다. 전문가들을 흥분시킨 대서양의 귀신고래 출현은 한편 반가운 현상이기도 했지만 다른 한편으로는 기후위기가 현실로 다가오고 있음을 알려주는 우려 섞인 메시지라고도 할 수 있겠다.

오호츠크해를 헤엄치는 한국귀신고래

오호츠크해의 한국귀신고래

귀신고래

바다 바닥에서 먹이를 찾는 귀신고래

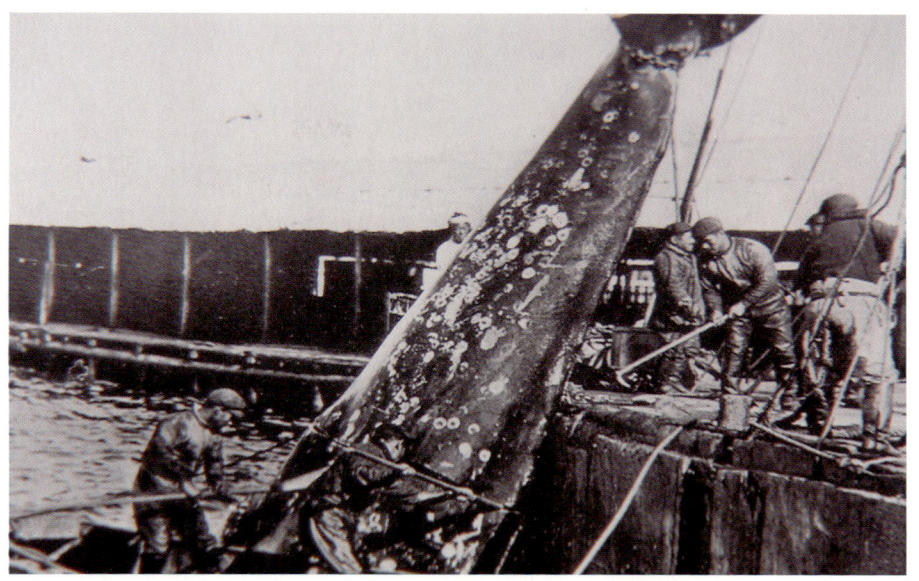
고래학자 앤드류스의 논문에 실려있는 장생포의 귀신고래 사진

사할린 귀신고래 연구자들이 오두막 벽면에
적어놓은 낙서

우리 촬영팀을 환영해 주는 사할린의 고래연구자들

김현우 박사가 미국, 러시아 연구자들과 함께
연구결과에 대해 의논하다.

3편

캘리포니아 귀신고래

03

캘리포니아 귀신고래

귀신고래의 번식장
멕시코 바하캘리포니아 (Baja California, Mexico)

  캘리포니아 귀신고래라고 해서 한국귀신고래와 외모가 전혀 다른 별개의 고래 종류가 아니다. 단지 사는 곳만 다를 뿐 외모를 포함해 모든 것이 똑같다고 보면 된다. 한국귀신고래는 100여 마리 정도인데 캘리포니아 귀신고래는 무려 3만 마리에 가까우니 우리로선 그저 부럽기만 하다. 이제 캘리포니아 귀신고래를 만나러 가보자.
  미국 캘리포니아주에서 남쪽으로 길게 뻗어 나온 반도가 세계에서 가

바하캘리포니아의 선인장

수령 200년 된 선인장과 필자

장 길다는 멕시코의 캘리포니아반도다. 이곳은 대부분이 사막인데 과거 서부영화에서 보던 사람 키만 한 선인장이 이곳의 명물이다. 좀 놀라운 것은 사람 키보다 훨씬 큰 선인장의 경우 나이가 최소 200년이 넘는다는 사실이다.

캘리포니아 반도의 중간쯤에 육지 쪽으로 깊숙이 들어와 있는 만(灣, lagoon)이 있는데 여기가 바로 캘리포니아 귀신고래들의 겨울 번식장이다. 귀신고래가 집중적으로 찾아오는 3곳의 대표적인 라군은 '리에브레라군(Oh de Liebre Lagoon)', '산 이그나시오라군(San Ignacio Lagoon)' 그리고 '막달레나만(Magdalena Bay)' 이다.

바하캘리포니아의 라군들　　　　리에브레라군 입구의 모래사구

이곳은 태평양의 파도와 바람이 운반해온 모래들이 사구(砂丘)를 만들고 그 사구가 방파제의 역할을 하면서 그 안쪽에 펼쳐진 라군들은 대양(大洋)의 바람이나 조류의 영향을 거의 받지 않는다. 또 해양을 돌아다니는 포식자로부터 귀신고래를 보호해주기 때문에 이곳은 그야말로 귀신고래들에겐 천혜의 육아장소가 됐다. 고래들이 라군과 바다를 드나드는 유일한 통로는 모래톱 사이로 난 좁은 물길뿐이다.

캘리포니아 귀신고래는 여름이면 북극이 가까운 축치해나 베링해에서 먹이를 먹다가 9월~10월경이면 남쪽으로 이동을 시작해 10월말에서 11월초에 이곳에 도착한다. 이곳에 3개월 정도 머물면서 짝짓기도 하고 또 암컷들은 새끼를 낳는다. 귀신고래의 임신기간은 13~14개월, 암컷은 2년마다 한 번씩 새끼를 낳는데 새끼는 1마리씩만 낳는다. 갓 태어난 새끼는 무게만 대략 1톤, 길이는 4~5m에 이른다. 여덟 달 동안 젖을 먹으면 새끼는 체중의 53%까지 늘어나는데 사람은 같은 기간 젖을 먹어도 체중의 2%만 살이 찔 뿐이다. 이것은 어미귀신고래의 젖 속에 지방이 무려 53%나 포함돼 있기 때문이다. (사람의 모유는 지방이 2%에 불과하다.)

귀신고래와 리에브레라군

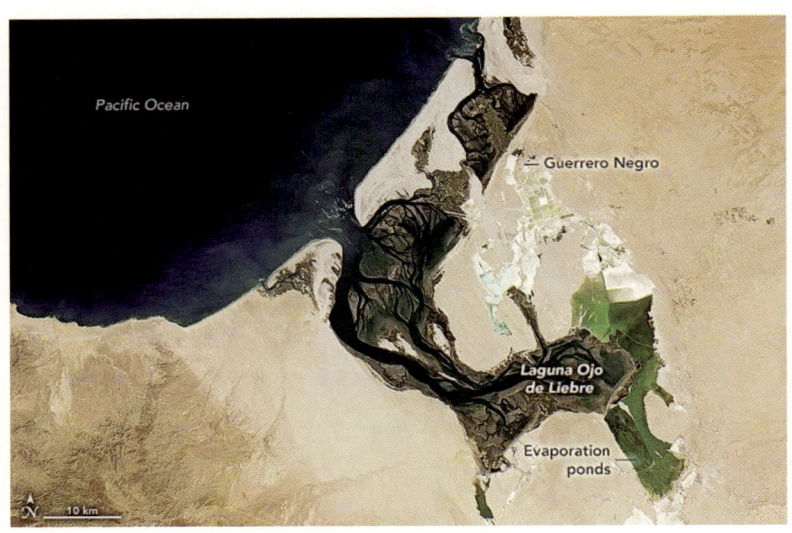

리에브레라군 위성사진

　멕시코 고래연구자들과 함께 보트를 타고 리에브레라군을 처음 둘러볼 때 귀신고래를 본다는 생각에 가슴이 설렜다. 파도가 거의 없는 라군

브리칭하는 귀신고래/귀신고래의 스파이호핑/물 위에서 잠자는 귀신고래

의 수면은 잔잔했다. 잠시 후 현지 고래연구자가 손가락으로 앞을 가리킨다. 멀지 않은 곳에서 "푸후!" 하고 물을 뿜으며 고래가 숨을 쉰다. "와 고래다!" 나는 고함을 질렀다. 몸엔 흰 반점이 가득하다. 보트가 라군의 안쪽으로 들어가자 헤엄치는 귀신고래들이 더 많이 보였다. 혼자 움직이는 고래들도 있었지만 많은 고래들이 어린 새끼고래와 함께 헤엄을 치고 있었다.

잠시 후 보트에 있던 사람들이 "와~" 하고 탄성을 지른다. 귀신고래가 물 위로 점프를 하는 게 아닌가, 이것을 '브리칭(breaching)' 이라고 하는데 이곳 사람들은 고래가 물 위에 떴다가 다시 물에 폭 잠긴다 해서 '고래의 세례식' 이라 불렀다. 고래가 브리칭을 하는 이유는 피부가 가렵거나 뭔가에 물렸을 때 직접 긁을 수 없어서 고래가 물 밖으로 뛰어오르는 것이라고 했다.

귀신고래들은 물 밖으로 점프만 하는 것이 아니라 머리를 물 밖으로 쭉 빼서는 주변을 쓱 둘러보기도 했다. 이것은 고래가 물 밖을 살피기 위한 행동이라고 하는데 마치 스파이가 고개를 내밀고 주변의 동태를 살피는 것 같다하여 '스파이 호핑(spy hopping)' 이라 부른다. 고래의 눈은 수중에서 뿐만 아니라 공기 중에서도 잘 볼 수 있다고 한다.

고래는 잠을 어떻게 잘까? 우리는 라군을 둘러보다가 물 위에 가만히 떠있는 귀신고래 한 마리를 발견했다. 우리가 가까이 가도 전혀 미동도 하지 않았다. "이 고래는 왜 가만히 있는 거죠?" 우리 질문에 현지 고래연구자의 말, "지금 고래가 잠자고 있습니다" 잠자는 귀신고래는 정말 편안하게 몸을 물 위에 띄운 채 코만 물 밖으로 내밀고는 일정한 간격으로 숨을 쉬었다. 녀석은 한참을 그렇게 있다가 우리가 떠드는 소리에 잠이 깼는지 몸을 한번 뒤집더니 물속으로 들어가 버렸다.

물가의 고래사체

고래뼈

고래화석

고래는 잠을 잘 때도 곯아떨어질 정도로 완전한 수면상태에 빠지지 않는다고 한다. 고래는 잠을 자는 동안 뇌의 반쪽은 깨어있어서 몸을 물에 뜨게 하고 또 코를 물 밖으로 내밀고 숨쉬기를 계속하는 것이다. 만약 고래가 완전한 숙면을 취한다면 물에 가라앉아 질식사 할 수도 있다고 한다.

이곳 리에브레라군에는 고래가

워낙 많다보니 자연사 하는 고래들도 적지 않다. 죽은 고래들은 일정하게 부는 바람을 타고 해변으로 떠밀려오는데 그런 고래들이 유독 많이 발견되는 해안을 이곳 사람들은 '고래무덤'이라 불렀다. 고래무덤 근처에는 으레 고래 뼈들이 나뒹굴기 일쑤다. 그리고 이 고래 뼈들은 오랜 시간이 지나면서 화석이 되는데 우리는 라군 인근에서 고래 화석을 쉽게 발견할 수 있었다. 그 때 내가 주운 고래 화석 몇 개는 지금 울산 고래박물관에 전시돼 있다.

우리가 라군의 물가에서 잠시 휴식하고 있을 때 갑자기 우리 앞의 수면에서 물결이 격렬하게 출렁거리며 물이 하늘로 높이 튀어 올랐다. 여러 마리의 고래들이 서로 몸을 부딪히며 싸우는 게 틀림없었다.

"저게 뭡니까?" 물으니 현지 고래학자는 고래들이 짝짓기를 하고 있다고 했다. 귀신고래가 짝짓기를 할 땐 보통 암컷 한 마리에 수컷 두 마리 정도가 따라 붙는데 수컷끼리의 경쟁이 치열해 지느러미로 수면을 세게 치기도 하고 또 꼬리로 다른 수컷들을 공격하기도 했다. 이렇게 경쟁자를 물리친 수컷만이 암컷과 짝짓기를 하는데 귀신고래의 짝짓기 시간은 대략 5~10분 정도라고 한다.

고래의 사랑싸움을 촬영하던 우리 촬영감독이 카메라의 뷰파인드를 지켜보다가 "우와!" 하고 탄성을 지른다. "이거 좀 보세요!" 그가 보여준

귀신고래의 생식기

영상에는 마치 뿔처럼 생긴 분홍빛의 엄청난 것이 보였는데 그것은 바로 (짐작하셨겠지만) 귀신고래 수컷의 생식기였다. 고래의 생식기를 촬영한 정말 흔치 않은 순간이었다.

이곳 라군에서 고래연구자들이 주로 하는 것은 고래숫자를 세는 것이다. 매일 똑같은 코스와 똑같은 거리를 보트로 달리면서 눈에 띄는 고래 숫자를 세는데 우리 촬영팀이 탄 보트가 여섯 시간 가량 달리면서 목격한 귀신고래의 숫자는 583마리였다. 그 중 혼자 다니는 고래가 83마리였고 나머지는 새끼와 함께 다니거나 암수가 같이 다니는 경우였다. 그야말로 이곳은 새끼를 낳고 기르는 귀신고래의 번식장(breeding area)이라 할 수 있겠다.

 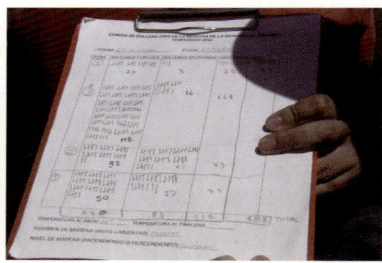

보트를 타고 달리며 발견되는 고래의 수를 기록한다.

2004년 한 해에 이곳 리에브레라군에 머물렀던 귀신고래의 수는 모두 2,111마리인 것으로 조사됐는데 이곳은 그야말로 물 반 고래 반이라 할 수 있다. 이들이 고래의 숫자를 세는 이유는 해마다 달라지는 고래의 숫자를 통해 바다환경의 변화를 알 수 있기 때문이다. 바다의 온도 변화와 그에 따른 먹이의 변화 등은 고스란히 고래의 개체 수에 영향을 미치기 때문이다.

고래구경의 천국

전 세계 바다를 통틀어서 살아있는 고래를 가장 생생하게 볼 수 있는 곳이 바로 이곳 멕시코 바하캘리포니아의 라군지역이다. 특히 이곳에서 태어난 새끼고래들은 호기심이 많은데 태어나 사람을 처음 보기 때문에 사람에 대한 두려움이 없다. 그래서 이곳에서 배를 타고 고래구경을 나가면 새끼고래들이 보트 가까이로 쉽게 다가온다. 새끼가 오면 어미도 함께 오는 법, 사람들은 아주 가까이에서 어미와 새끼고래들을 같이 구경할 수 있다. 동시에 고래들도 사람구경을 하는 시간이 아닐까?

고래들이 보트 옆에 바짝 붙으면 사람들은 마치 강아지 쓰다듬듯 고래를 만져 볼 수 있다. 나도 직접 고래를 만져봤는데 살아있는 고래피부의 촉감은 마치 탱글탱글한 고무지우개를 만지는 느낌이었다.

이렇게 고래와 가까이 접근하다보면 불상사도 생긴다. 우리 촬영팀

보트에서 고래구경은 물론 고래를 직접 만질 수도 있다.

03 캘리포니아 귀신고래

또한 큰일이 날 뻔한 일을 당했다. 우리 배 가까이 접근한 귀신고래를 촬영할 때였는데 갑자기 고래가 우리 배 밑으로 쑥 들어가면서 우리가 고래 등 위에 올라타는 꼴이 되고 말았다. 그 순간 고래가 꼬리로 보트를 하늘로 세게 밀쳐 올리면서 우리가 탄 보트의 앞쪽이 하늘높이 솟구쳐 올랐다.

그 때 마침 우리 촬영감독인 김 감독이 보트뱃머리에서 고래를 촬영 중이었는데 김 감독은 한순간 공중으로 붕 떠오르더니 보트 위로 다시 떨어졌다. "이게 무슨 난리냐?" 나는 촬영감독이 쓰러져 있는 뱃머리로 뛰어갔다. "김 감독 괜찮나?" 촬영감독은 일어나지 못하고 한참을 누워 있었다. 떨어질 때 찰과상을 입어서 손엔 피까지 났다. "큰일 났다. 이 일을 어찌해야 하나?" 너무 갑작스레 일어난 일이라 모두들 놀란 가슴으로 김 감독만 쳐다보고 있는데 잠시 후 겨우 몸을 일으킨 김 감독이 씩~ 웃으며 한마디 했다. "떨어질 때 카메라는 꼭 안고 떨어졌습니다"

우리 보트 앞에서 갑자기 고래가 물 위로 떠오른다(촬영감독이 찍은 영상).

고래와 충돌 후 보트에 쓰러진 촬영감독   우리와 충돌한 고래의 꼬리

다행히 우리 촬영감독은 몸에 몇 군데 타박상을 입은 거 외엔 큰 부상은 없었다. 정말 촬영팀 모두가 고래 때문에 황천 갔다 온 느낌이었다. 그래도 몸은 다쳐도 카메라는 살려야 한다는 김 감독의 투철한 직업정신 덕분에 카메라는 뷰파인더가 조금 덜렁거릴 뿐 기능엔 문제가 없었다. 만약 카메라가 물에 빠졌거나 렌즈가 깨졌다면 바로 귀국(歸國)이었는데 김 감독 덕분에 촬영을 계속 이어나갈 수 있었다.

리에브레 라군의 고래구경이 가장 활발한 때는 2월이다. 관경에도 몇 가지 원칙이 있는데 고래를 구경할 때는 보트가 고래와 30m정도의 거리를 유지해야 한다. 고래가 스스로 보트로 다가올 때만 고래를 만져볼 수 있다. 이럴 때는 두 척의 배만이 허용되는데 한 척의 배에 고래가 접근해 있을 때는 다른 배들은 조금 떨어진 곳에서 기다리는 것이 원칙이다.

리에브레라군의 아픈 역사

지금은 캘리포니아 귀신고래 개체 수가 2만 마리를 훨씬 넘었지만 20세기 초에 이곳 캘리포니아 귀신고래들은 심각한 멸종위기를 겪었다.

19C초 산업혁명이 시작되면서 인류는 고래기름이 필요했다. 미국과 유럽 국가들의 포경선이 전 세계의 바다를 누비면서 고래를 잡았다. 그 때 이곳 리에브레라군을 최초로 발견한 사람도 찰스 스캐몬(Charles Scammon)이라는 미국 샌프란시스코의 포경선 선장이었다. 그는 1846년에 북미 연안에서 이동 중인 귀신고래를 발견하고 추적한 결과, 이곳 리에브레라군을 포함 이 일대의 라군 지역에서 귀신고래가 집중적으로 새끼를 낳는다는 사실을 알게 됐다. 물 반 고래 반인 이곳을 포경선 선장이 그냥 둘리 있겠는가? 그는 아주 쉽게 귀신고래를 사냥했다. 여기 리에브

포경선 선장 찰스 스캐몬   멕시코 라군에서의 고래사냥

레라군을 사람들이 지금도 '스캐몬 라군' 이라 부르는 이유도 그 때문이다.

다른 포경선들은 몇 년에 걸쳐 고래를 잡아야 채울 수 있는 고래기름을 스캐몬 선장은 단 몇 달 만에 고래기름을 가득 채워서 포경기지로 돌아온 것이다. 이러니 다른 포경선들이 가만히 있겠는가? 스캐몬의 뒤를 따라온 다른 포경선들 또한 이 라군 지역을 발견하고는 귀신고래에 대한 대대적인 사냥이 이뤄졌다. 3만 마리 가까운 캘리포니아 귀신고래는 1858년~1869년 사이에 4천 마리로 감소한다. 그리고 20세기 초의 포경으로 캘리포니아 귀신고래들은 다시 빠른 속도로 줄어들었고 근대포경이 시작된 지 30여년 만에 이곳의 귀신고래들은 멸종의 위기에 직면했다.

그런데 1859년에 석유가 발견되고 20세기 들어서는 석유가 고래기름을 대체하면서 포경이 점차 사라지게 되었고 이곳의 귀신고래 개체수도 조금씩 늘어나기 시작했다. 1937년에 캐나다와 미국, 멕시코는 고래보호를 위해 포경규제협정을 맺어 귀신고래 포경을 전면금지 하였다. 1970년대부터는 멕시코정부가 바하캘리포니아의 라군 지역을 귀신고래 보호지역으로 지정하고 라군 지역에 도착하는 귀신고래의 숫자와 라군

내 분포지역, 라군의 생태환경 등을 면밀히 조사하는 등 15년 이상의 보호활동으로 고래숫자 회복에 크게 기여하면서 멕시코는 고래보호를 시작한 최초의 국가가 되었다.

그 후 귀신고래들은 차츰 멸종위기에서 벗어나게 됐고 2만여 마리 이상으로 개체수를 회복하면서 1994년엔 이곳의 귀신고래들은 멸종 위기종에서도 완전히 제외되었다. 멸종위기까지 갔다가 다시 원래의 개체수를 회복한 생태계복원의 첫 성공사례가 바로 귀신고래다.

사람도 그러하겠지만 고래가 새끼를 낳는 장소는 마음으로 안심이 되고 좋아할 만한 장소일 것이다. 캘리포니안 귀신고래가 개체수를 회복할 수 있었던 것도 새끼 낳는 장소를 보호하는 것이었다. 새끼 낳는 장소를 깨끗하게 관리하고 그들이 그 장소를 좋아하도록 만드는 등 고래의 출산을 국가가 적극 보호했다. 그리고 귀신고래 보호가 성공을 거둔 또 하나 이유는 멕시코와 미국, 캐나다 등 회유 경로에 있는 국가들이 고래에 대한 정보를 교환하면서 한 몸처럼 움직였다는 사실이다. 각국의 연구자들이 태어난 고래숫자를 파악하고 이동이 늦는지 빠른지 등을 조사하면서 고래의 정황을 파악하고 그 정보들을 서로 나눔으로써 고래보호를 위한 공동의 정책을 마련했던 것이다.

한국귀신고래의 경우, 귀신고래의 겨울 번식장(繁殖場)과 여름 섭이장(攝餌場) 등 고래의 서식지를 회복하고 회유 경로를 다시 찾아주는 것이 멸종을 막는 가장 확실한 방법이다. 하지만 한국바다는 어업활동이 활발하고 경제활동에 따른 선박왕래가 많아 사실상 고래보호를 위해 바다를 양보하기가 쉽지 않은 상황이다. 그렇지만 고래와 함께 살면서 경제적 성장과 산업발전을 이룩하는 것도 충분히 가능한 일이다.

북으로의 회유

바하캘리포니아 해변

이곳 바하캘리포니아는 사막기후라 낮 시간에 햇살은 따갑다. 그러나 그늘에 있으면 바닷바람이 불어와 정말 시원하다. 또 하얀 백사장과 코발트빛의 바다가 어우러지는 작은 해수욕장이 곳곳에 많다. 그런 곳엔 으레 미국인들의 캠핑카가 진을 치고 있었다. 이곳은 사막과 바다가 공존하는 곳으로 사람뿐만 아니라 고래에게도 좋은 휴양지라는 생각이 들었다.

살기 좋은 이곳에서 고래들이 영원히 살 것 같지만 그렇지 않다. 캘리포니아 귀신고래들은 겨울이 끝나가는 3월말부터 4월초에는 이곳 바하캘리포니아를 떠나 북쪽으로 회유를 시작한다. 북극 주변의 차가운 바다는 여름철이면 고래의 먹이가 되는 크릴새우가 폭발적으로 번성한다. 그래서 귀신고래들은 봄철부터 북쪽 바다로 이동해 거기서 배불리 먹고 에너지를 축적한 다음 가을이 되면 다시 따뜻한 남쪽 바다로 내려와 짝짓기와 번식을 하는 것이다. 이렇게 매년 귀신고

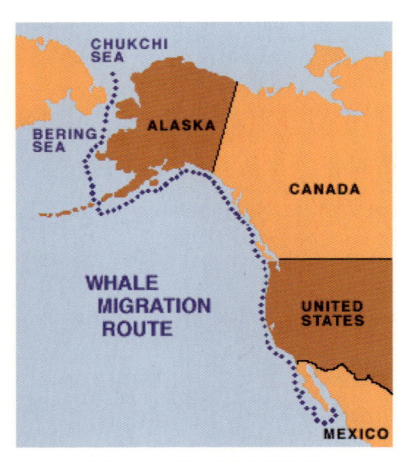

캘리포니아 귀신고래의 회유경로

래가 캘리포니아 반도와 북극 부근 바다로 이동하는 거리만 왕복 2만km에 이른다.

　귀신고래가 회유를 시작하면 평균 3노트(5.5km/h)의 속도로 하루에 80~120km의 거리를 이동하는 것으로 알려져 있다. 귀신고래들은 주로 육지와 가까운 연안으로 이동하지만 캘리포니아 해안도시 산타바바라처럼 인구밀집지역을 지날 땐 그 해안을 피해서 먼 바다로 지나간다. 또 몬트레이만처럼 인구밀도가 높고 선박왕래가 많은 해안은 만안으로 들어가지 않고 만의 바깥으로 직진한다. 그런데 이때가 귀신고래에겐 가장 위험하다. 흔히 '킬러 훼일(killer whale)'이라 부르는 범고래가 이 길목을 지키고 있기 때문이다.

　회유하는 귀신고래가 이곳을 지날 때쯤이면 이곳 바다엔 귀신고래를 사냥하고자 하는 범고래 무리가 모여든다. 그렇다고 어른 귀신고래를 사냥하는 것은 아니고 주된 사냥 대상은 올해 남쪽 캘리포니아반도에서 갓 태어난 새끼들이다. 범고래는 사실상 생태계의 최정상에 위치하며 열대바다에서부터 극해까지 그 서식범위가 가장 넓은 고래다. 수컷 범고래의 등 날개만 높이가 무려 2m, 등 날개 바로 아래엔 흰무늬(saddle

범고래가 귀신고래를 공격하는 장면 (출처 : Evan Brodsky)

귀신고래 꼬리에 남아있는 범고래의 공격 흔적

patch)가 있다.

  이곳에서 범고래가 귀신고래 새끼를 사냥하는 방법은 먼저 새끼를 어미한테서 떼어놓는 것이다. 그런 다음 새끼의 지느러미를 물고서 물속으로 끌고 가거나 새끼 위로 점프해서 새끼를 물속에 빠지게 한다. 그러면 새끼는 물 밖으로 떠오르지 못하고 질식사해 죽는 것이다. 이를 막고자 귀신고래 어미는 큰 덩치로 항상 새끼 밑에서 새끼가 물 밖으로 숨을 쉬도록 밀어올리기 때문에 범고래의 공격은 사실 쉽지 않다. 그래서 범고래는 어떡하든지 새끼를 일단 어미 곁에서 떨어지도록 하는 것이다. 어른 귀신고래의 꼬리에 범고래의 이빨자국이 선명히 남아있는 경우가 많은데 이건 범고래의 공격을 받았다는 흔적이다.

  범고래들은 무리를 지어 다니기 때문에 서로 신호를 주고받는 특유의 휘슬 음과 클릭 음을 내는데 귀신고래가 이 소리를 듣고는 가까이 범고래가 있다는 사실을 알고 금방 방향을 바꾼다. 이 경우엔 헤엄을 칠 때도 물 밖으로 몇 번밖에 떠오르지 않는다.

  2004년 4월, 캘리포니아 귀신고래들이 북쪽으로 대거 이동할 즈음, 우

샌시미언 해변과 해안 가까이 지나가는 귀신고래

샌시미언 해안에서 좀 떨어진 곳을 어슬렁거리는 범고래들

리는 미국 캘리포니아 샌시미언(San Simeon) 해안에서 이동하는 귀신고래를 촬영 중이었다. 그 때 재밌는 광경을 목격했다. 우리 바로 발아래, 파도치는 갯바위 사이로 귀신고래 어미와 새끼가 지나가고 있는 것이 아닌가, 현지에서 고래를 조사하던 미국 해양포유류연구소 소속의 웨인 페리만(Wayne Perryman) 박사는, 이렇게 얕은 바다를 지나면 부딪히는 파도 소리 때문에 귀신고래의 숨 쉬는 소리나 울음소리를 범고래가 쉽게 알 수가 없다고 했다.

그런데 그 얘기를 나누는 순간, 귀신고래가 지나가는 곳에서 2km쯤 떨어진 바깥바다에 범고래 무리들이 헤엄치고 있는 것이 아닌가, 귀신고래 어미가 바깥바다에 범고래가 있다는 걸 용케 알고는 새끼를 데리고 갯바위 틈 사이로 이동하고 있었던 것이다.

또 하나 신기한 것은 귀신고래가 새끼를 데리고 해안 가까이 지날 때

새끼를 육지 쪽에 두고 헤엄치는 어미 귀신고래 (출처 : 미국 National Park Service)

03 캘리포니아 귀신고래

는 반드시 새끼는 육지 쪽에, 어미는 바다 쪽에서 헤엄을 친다는 사실이다. 위 사진 속의 귀신고래 또한 어미는 바다 쪽에 새끼는 육지 쪽에서 헤엄치는 것을 알 수 있다. 이것은 바다 쪽의 어떠한 위협으로부터 새끼를 보호하겠다는 모성본능이다. 특히 바다 쪽에 범고래 무리가 있을 때에는 더더욱 어미는 새끼를 보호하려고 애쓰는 것이다.

이것은 고래관측에도 도움이 된다. 새끼가 해안 쪽에서 헤엄치기 때문에 고래관찰자들이 육지에서 새끼고래를 발견하기가 쉽다. 만약 새끼가 바깥 바다 쪽에서 헤엄친다면 어미에게 가려서 육지에서는 새끼고래를 잘 볼 수 없게 되는 것이다.

고래가 모이는 캘리포니아해변

미국 캘리포니아 해안

필자가 촬영을 위해 귀신고래를 따라 다니면서 알게 된 것은 귀신고래가 다니는 곳은 경치가 정말 좋은 곳이었다. 특히 귀신고래가 제일 많이 지나다니는 북미해안을 따라 캘리포니아 1번 고속도로가 지나는데 그 고속도로의 주변 경치가 너무 좋아 자동차광고를 가장 많이 찍는 곳이라고 했다. 이곳은 풍광만큼이나 바다생태계도 아주 다양하고 풍부했다.

캘리포니아 산타바바라 앞바다에 있는 채널섬에서 북쪽으로 몬트레이반도에 이르는 해안선은 대도시 근처이면서도 많은 해양 동물이 모이는 장소로 알려져 있다. 그 풍요로움을 가져오는 것은 북쪽에서 흐르는 캘리포니아해류와 심해에서 솟아오르는 용승류(湧昇流)다. 용승류가 심해 깊은 바다의 영양분을 해면으로 끌어올려 풍요로운 바다의 동물상을 만들어 내는 것이다. 연안에 번식하는 자이언트켈프(다시마류의 대형 갈조류)는 해달의 서식지를 제공하고 겨울과 봄에 회유하는 귀신고래의 통로가 된다. 또 크릴새우가 운집하는 계절에는 '혹등고래' 조차 모습을 보이면서 고래구경꾼들의 눈을 즐겁게 한다.

이곳에서 혹등고래는 아주 액티브해서 호기심도 많고 놀기를 좋아한다. 또 수면 위로 높이 브리칭도 잘 한다. 하지만 이곳을 지나는 귀신고래는 혹등고래만큼 재밌는 행동에 관심이 없다. 봄에 이곳을 지나는 귀신고래는 빨리 북쪽의 먹이장(feeding ground)으로 가기 바쁘다. 왜냐하면 작년 가을에 남쪽으로 이동을 해오면서부터 몇 달 동안 아무것도 먹지

캘리포니아 해변을 따라 이동 중인 귀신고래

못했기 때문에 귀신고래는 매년 알래스카를 출발해서 멕시코 해안에 가서 돌아올 때까지 몸무게의 1/3을 잃는다.

캘리포니아 샌시미언 해변에서는 매년 4~5월에 귀신고래 이동이 제일 많다. 이 시기에는 하루에 300~350마리의 귀신고래를 볼 수 있다고 한다. 그러나 이곳을 지나는 귀신고래의 수는 해마다 변동이 심하다. 어떤 해에는 이 지점에서 귀신고래의 새끼를 하루에 500마리나 볼 때도 있지만 다음 해엔 80마리밖에 못 볼 경우도 있다고 한다. 미국 해양포유류 연구소 웨인 페리먼 박사에 의하면 94년에도 이곳 샌시미언 해변에서 새끼 귀신고래를 950마리나 봤지만 그 3년 뒤에는 새끼 귀신고래가 350마리로 줄었다고 한다. 이것은 북극의 먹이 상황과 관련이 깊다고 보고 있다.

귀신고래가 북쪽으로 이동할 땐 먹이가 있는 곳에서 중간 중간 쉬면서 먹이도 먹지만 남쪽으로 이동할 땐 거의 먹지 않는다. 그래서 귀신고래는 남쪽으로 갈 때 카운터 하기가 훨씬 쉽다고 한다. 그 땐 짧은 시간에 전체 개체가 움직이기 때문이다. 이렇게 이동 중인 귀신고래를 매년 카운터 한 결과 일 년에 이 해변을 지나는 귀신고래는 9천여 마리 정도라고 한다. 밤이나 태풍이 불 때는 고래를 볼 수 없다는 사실을 감안하면 캘리포니아 귀신고래의 전체 개체 수는 2만 5천 마리를 넘는 것으로 추정하고 있다.

귀신고래가 북으로 회유를 시작할 때는 대체로 임신한 암컷이나 성숙한 암컷들이 수컷에 비해 먼저 출발한다. 이것은 먹이장(feeding area)에 빨리 도착해서 필요한 영양분을 빨리 섭취한 후 일찍 남하해서 출산장(birthplace)에 먼저 도착할 수 있도록 하기 위함이다. 유산(流産)이 쉬운 차가운 바다에서의 출산을 방지하는 의미도 있다.

밴쿠버섬의 귀신고래

우리 남해바다를 연상시키는 밴쿠버섬의 해안

멕시코 바하캘리포니아를 떠난 귀신고래는 4~5월경이면 캐나다 태평양 연안의 밴쿠버섬을 지나간다. 밴쿠버섬은 해안선이 오밀조밀하고 작은 섬들이 많은데 마치 우리 남해의 다도해 같은 느낌이다. 이동하는 귀신고래는 3~5마리가 무리를 지어 이곳 밴쿠버섬의 작은 섬들 사이에서 한참을 쉬었다 간다.

귀신고래는 이동 중에는 잘 먹지를 않지만 이곳 밴쿠버섬은 수심이 얕고 또 먹이가 풍부해서 예외적으로 귀신고래들은 이 해안에서 먹이를

밴쿠버섬 해안을 헤엄치는 귀신고래

밴쿠버섬 해안의 자이언트켈프 (출처 : 미국 National Park Service)

먹기도 한다. 귀신고래가 보통 남쪽으로 이동할 때는 2개월 정도 걸리지만 북상을 할 때는 3~4개월이 걸리기도 하는데 그 이유는 갓 난 새끼를 동반하기 때문이기도 하고 또 먹이장을 찾아가는 길이라 중간 중간에 먹이를 먹으면서 이동하기 때문일 것이다.

밴쿠버섬을 포함해서 북미 태평양연안에는 자이언트켈프(갈조류) 라고 불리는 거대한 해초가 번식한다. 이 해초는 하루에 60cm 속도로 크는 경우도 있는데 자이언트켈프 해안은 높이 100m에 이르는 해초로 이뤄진 거대한 해중림(海中林)이다. 귀신고래들은 이동하면서 먹이도 구하고 또 범고래에게 들키지 않기 위해 이 해중림 속을 지나기도 하는데 범고래에게

해조류 사이를 헤엄치는 귀신고래 어미와 새끼 (출처 : Douglas Croft)

청어 알을 먹는 귀신고래 (출처 : Robert H. Busch)

쫓긴 귀신고래들이 이 해초 숲으로 도망쳐오는 경우도 많다고 한다.

위 사진은 2000년 초에 밴쿠버 바다에서 촬영된 것인데 귀신고래가 마치 미역을 먹는 것처럼 보여서 '미역을 먹는 귀신고래' 라는 제목으로 널리 알려지기도 했다. 그러나 이 사진을 촬영한 캐나다의 해양포유류 사진작가 Robert H. Busch에 의하면, 이맘때 이곳을 찾는 청어 떼가 미역이나 다시마 같은 해조류에 알을 낳는데 귀신고래가 입으로 미역을 훑어서 청어 알을 먹는 장면이라고 한다. 사진 속에서 미역 위의 하얀 점들이 바로 청어 알이다.

이처럼 북극 베링해까지 가지 않고 이곳 밴쿠버섬 일대에서 먹이활동을 하며 여름을 지나는 귀신고래들도 상당히 많은데 4월 말쯤 되면 이 바다에서 정착하는 귀신고래들만 볼 수 있다고 한다. 이곳 고래연구자들은 밴쿠버섬 주변에서 여름을 나는 귀신고래는 그 수가 300~400마리 정도 되는 걸로 추정한다.

귀신고래가 캘리포니아 해안을 지날 때 그 귀신고래들을 사냥하는 사

마카족의 고래사냥, 1910년 (출처 : Asahel Curtis 시애틀 공립도서관)

람들이 있는데 바로 인디언 마카족이다. 미국 워싱턴 주의 아메리카 인디언 마카족(Makah)은 아주 오랜 옛날부터 이곳 바다에서 귀신고래를 사냥해 왔다. 그러나 20세기 초 귀신고래의 개체수 격감과 그 이후엔 환경단체의 반대로 고래사냥은 이뤄지지 못했다. 그러다가 2024년에 미국해양대기청(NOAA)의 허락을 받아 이제는 10년간 최대 25마리의 귀신고래를 사냥할 수 있게 되었다. 국제포경위원회(IWC) 또한 매년 이곳에서 자연사 하는 고래의 숫자를 조사하여 고래사냥 허용 마릿수를 정하고 있다.

베링해의 귀신고래

북쪽으로 이동하는 캘리포니아 귀신고래의 최종목적지는 알래스카 반도의 위쪽에 있는 베링해(Bering Sea)와 베링해협 북쪽의 축치해

추코트의 툰드라 해안과 베링해

(Chukchi Sea)다. 매년 이곳 베링해나 북극권의 축치해까지 이동하는 귀신고래는 대략 17,000마리 정도로 북쪽으로 8,000km를 넘게 이동하면서도 회유시간은 놀라울 정도로 정확해서 목적지 도착시기를 해마다 비교해보면 5일 이상 차이나지 않는다. 2004년 7월, 우리 촬영팀도 베링해의 귀신고래를 촬영하기 위해 러시아 영토의 가장 동쪽 땅인 추코트 주(州)에 도착했다.

베링해에 얼음이 없는 시기는 5월에서 10월 사이, 남쪽 캘리포니아반도를 출발한 귀신고래가 러시아 추코트 주 인근 베링해에 도착하는 시기는 대략 7~8월이다. 새끼 밴 어미 귀신고래가 가장 먼저 도착하는 것도 매년 똑같다. 귀신고래들은 여름 한철 이곳 베링해에서 활발한 먹이활동을 한다.

빙산이 녹으면서 바닷속에 플랑크톤이 풍부해지는 7월경부터 바다가 얼기 전인 9월까지 귀신고래는 이곳 베링해에 머문다. 베링해로 돌아온 귀신고래들은 이곳을 떠날 때보다 몸무게가 1/3쯤으로 줄어있다. 이동

추코트 고래사냥꾼의 마을, 라브렌티야

을 하면서 거의 먹지 않는 습성 때문이다.

  그런데 먹이활동을 하는 이곳 베링해에서 귀신고래들은 역으로 추코트 사람들에게 소중한 식량이 돼주기도 한다. 겨울엔 이곳 바다가 얼면서 물범이나 바다사자 사냥이 가능하지만 여름철엔 얼음이 다 녹아 이곳 사람들은 고래 외엔 이렇다 할 사냥감이 없다. 그렇다고 이곳은 농사를 지을 수 있는 환경도 아니어서 국제포경위원회(IWC)도 여름 한철 이들에게 생존을 위한 합법적인 고래사냥을 허락해주고 있다.

  이곳 추코트 주민들의 음식을 보면 30% 정도는 고래고기와 바다사

추코트의
동쪽 끝마을,
라브렌티야

고래사냥꾼들이 잡아온 귀신고래

또 물개고기이며 40% 정도는 빵이랑 기타 육류 정도다. 추코트 사람들이 합법적으로 사냥할 수 있는 고래는 2004년엔 일 년에 120마리 정도였으나 2025년엔 140마리로 조금 늘었다.

우리 촬영팀이 추코트 주에 있는 고래사냥꾼의 마을 '라브렌티야(Lavrentiya)'에 도착한 첫날, 우리는 해안에 널브러져 있는 귀신고래 한 마리를 볼 수 있었다. 그날 아침에 고래사냥꾼들이 바다에 나가 잡아온 고래였는데 이미 마을사람들이 고래의 살코기를 많이 베어내 가져가버린 바람에 귀신고래는 뼈가 드러난 채 처참한 몰골이었다.

이곳에서 사냥해 온 귀신고래는 어느 누구의 소유가 아니라 마을사람들의 공동소유였다. 누구라도 필요한 만큼 살코기를 가져가도록 돼있었다. 동네 개들조차 바닷가에 누워있는 귀신고래로 포식을 하고 있었다.

덕분에 우리는 귀신고래를 아주 가까이서 관찰할 수 있는 기회를 얻

따개비와 고래 이(whale lice)

을 수 있었다. 먼저 우리의 관심을 끈 것은 귀신고래의 몸에 붙어 있는 무수한 따개비였다. 우리는 따개비를 손으로 뜯어내려 해보았다. 그런데 따개비는 꿈적도 하지 않았다. 그래서 칼을 가지고 따개비를 오려냈다. 그런데 칼을 사용해도 쉽게 떨어지지 않았다. 따개비는 귀신고래 피부에 살짝 붙어 있는 것이 아니라 살점 깊숙이 박혀있었다. 우리는 예리한 칼로 한참을 파낸 후에야 고래의 몸에서 따개비를 겨우 뜯어낼 수 있었다.

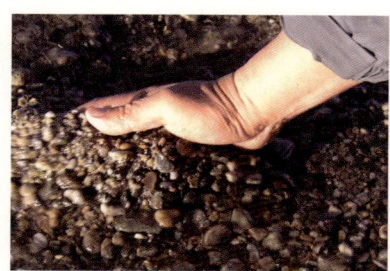 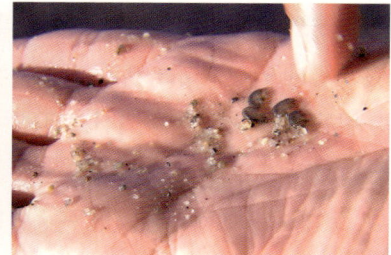

해변에서 찾은 귀신고래 먹이

귀신고래가 먹이를 찾는 추코트의 해변

그리고 귀신고래가 숨을 쉬는 코 부근과 입 근처에는 귀신고래 이 (whale lice)들이 가득 붙어 있었는데 숙주인 귀신고래는 이미 죽었는데도 기생생물인 이들은 여전히 살아서 꿈틀대고 있었다.

우리는 죽은 귀신고래의 위장 안에서 고래가 뭘 먹었는지도 확인할 수 있었다. 고래의 위장 안에는 물고기는 보이지 않고 새우 같은 것들이 가득 들어 있었다. 이것들이 바로 '앰피포더(Amphipod)'라고 하는 귀신고래의 주된 먹이다. 귀신고래는 바닷속 흙을 먹고는 그 속에 사는 작은 갑각류를 골라 먹는 것이다.

우리는 귀신고래의 먹이가 되는 작은 새우들을 이곳 베링해의 바닷가에서 바로 확인할 수 있었다. 바닷가의 흙을 손으로 쓱 뒤집었더니 작은 새우 같은 것들이 톡톡 튀어 올랐다. 이곳의 흙속엔 귀신고래의 먹이가 되는 갑각류들이 가득했다. 덩치 큰 고래가 그 큰 입과 혀로 1cm밖에 안 되는 작은 생물을 어떻게 흙과 분리해서 먹는지 그저 신기할 따름이었다.

우리와 함께 추코트까지 동행한 러시아 IWC위원, 데니스 리토프카 (Denis Litovka)씨는 이렇게 말했다. "고래는 이곳 추코트 주민에겐 없어서는 안 될 기초식료품이다. 추코트주 사람들이 필요로 하는 고래 쿼터량을 매년 정하는데 이곳 인구증가수의 1/4 정도가 매년 쿼터 증가분이다. 이곳에 오는 귀신고래 전체 숫자는 2만 마리 정도 되기 때문에 일 년에 400~500마리 정도를 잡아도 전체 개체 수에는 변화를 끼치지 않는다. 그럼에도 2004년~2008년 기간에 이곳 원주민들이 잡을 수 있도록 IWC가 정해준 사냥 쿼터는 일년에 120마리다."

고래사냥꾼 블라드미르 씨

우리가 이곳 라브렌티야 마을에서 묵은 곳은 고래사냥꾼 '블라드미르 드미트리(Valadmir Dmitry)' 씨의 집이었다. 그는 바다에 나갈 때 항상 총을 휴대했다. 고래사냥꾼들은 고래를 사냥할 때면 여러 척의 보트에 나눠 타고 바다로 나가서 고래를 발견하면 총으로 쏘아 고래를 잡는다. 그리고 겨울이면 이곳 사람들은 물범이나 북극곰을 사냥하기 때문에 사냥총을 휴대하는 것이 흔한 풍경이었다.

한번은 마을 앞 바닷가에 헤엄치는 작은 동물이 내 눈에 띄었다. '저게 뭐지?' 나는 궁금한 마음에 블라드미르 씨를 보고 저게 뭐냐고 물었

사냥한 곰의 털을 말리는 블라드미르 씨

물범 사냥

다. 그는 그 작은 동물을 보자마자 가까이 있던 사냥총을 잡더니 즉시 겨눈다. 그리고는 "탕!" 쏜다. 백발백중이다. 블라드미르 씨는 바로 보트를 몰아서 그 작은 동물을 건져 올렸다. 죽은 짐승은 물범이었다. '나 때문에 귀여운 물범 한 마리가 저세상으로… ㅉㅉ'

블라드미르 씨는 칼을 쥐더니 잡은 물범의 가죽을 순식간에 벗긴다. 살코기는 썰매 개에게 던져주고 물범 가죽은 말리기 위해 지붕 위에 턱 하고 던지는 게 아닌가, 정말 순식간에 벌어진 일이었다. 사냥에서부터 물범가죽 벗기기까지 채 5분도 걸리지 않았다. 이곳에서 돈이 되는 건 물범가죽이었다. 덕분에 개들만 포식을 했다. 내가 느낀 건 '햐, 이곳 사람들은 본능적인 사냥꾼이로구나'

수영하는
블라드미르 씨

툰드라 벌판과 땅굴을 파고 사는 마멋(marmot)

귀신고래가 찾아오는 이곳 베링해는 여름이면 수온이 섭씨 2도에서 5도 사이를 유지한다. 우리나라 남해의 겨울수온이 섭씨 11도씨 정도이니 이곳이 여름철이라 하지만 얼마나 추운지 알 수 있다. 그런데 어느 날 블라드미르 씨가 수영복만 입고 마을앞 바다물속으로 첨벙 하고 뛰어 드는 게 아닌가, 나는 깜짝 놀라 물에서 나오는 그에게 물었다. "안 춥습니까?" 그러자 씩~ 웃으며 그가 하는 말, "여름 아닙니까?(It's summer!)"

하지만 추코트의 여름은 내겐 추웠다. 난 그 때 옷을 다섯 겹이나 껴입었다. 이곳의 썰매 개들은 이맘때 털갈이를 하고 있었는데 내가 어깨를 움츠리고 개집 앞을 지날 때마다 더워서 입 밖으로 혀를 반쯤 내민 개들

베링해를 바라보다

베링해에서 헤엄치는 고래들의 분기(噴起)

이 이렇게 말하는 것 같았다. "많이 추운 모양이죠? 쯔쯔"

학교 다닐 때 지리수업 시간에 북쪽지방엔 툰드라가 있다는 말만 들었지 막상 툰드라 벌판에 서보니 정말 황량했다. 그 넓은 땅에 나무는 한 그루도 없었다. 멀리서 보면 조금 푸른빛이 있는 벌판처럼 보이지만 막상 가까이 가보면 툰드라의 벌판엔 풀이 아닌 뿌리가 두꺼운 이끼 종류의 식물만 무성했다. 눈이 얼고 녹기를 반복해서 그런지 흙은 푸석푸석했다. 그래서 여름철 이 벌판엔 덩치 큰 다람쥐인 마멋(marmot)들이 무수히 많은 땅굴을 파고 살고 있었다.

추코트의 툰드라 벌판에 서서 베링해를 바라보니 빈 바다가 끝없이

여름인데도 눈이 쌓여있는 추코트 해안

노를 귀에 대고 고래를 찾는 블라드미르 씨

펼쳐져 있었다. 사람의 움직임 하나 없는 끝없는 벌판, 그리고 눈앞의 텅 빈 바다, 여기 오래 살면 우울증 걸릴 것 같은 황량한 풍경이었다. 그런데 그 빈 바다에서 한줄기 물줄기가 솟아오른다. 고래가 숨을 쉴 때 내는 분기(噴起)였다. 그리고 그 분기가 햇살에 비쳐 짧은 순간 무지개가 되었다. '아하~ 고래다!' 황량한 풍경 속에 뭔가 살아있는 것이 있구나 하는 느낌이 왜 그리 반가운지, 이곳 추코트 사람들도 여름이면 이 텅 빈 바다를 찾아주는 고래가 얼마나 반가울까?

귀신고래를 만나기 위해 고래사냥꾼 블라드미르 씨와 함께 바다로 나갔다. 계절은 여름이었지만 물가엔 아직도 하얀 눈이 녹지 않은 채 쌓여 있었다. 한참을 둘러봐도 고래가 보이지 않는다. 그런데 블라드미르 씨가 손으로 젓는 노를 물속에 담그고 노의 한쪽 끝을 귀에다 댄다. "뭐하십니까?" 물으니 고래를 찾는다고 했다. 블라드미르 씨는 노의 끝에 귀를 대고 들으면 "빽빽" 하는 고래 울음소리와 헤엄을 치며 물을 튀기는 소리 등이 들린다고 했다. 고래가 어느 방향에 있는지 또 몇 마리가 되는지 대충은 알 수 있단다. 정말일까?

그런데 아니나 다를까 귀에다 노를 대고 있던 그가 손으로 한쪽 방향을 가리킨다. 그쪽을 보니 귀신고래 몇 마리가 "푸우!" 하고 물을 뿜으며 헤엄을 치는 것이 아닌가, '오호~ 역시 현지인의 지혜는 당할 수가 없어!'

노를 물에 담그고 소리를 듣는 기술이 필요한 것은, 봄에 빙산이 막 녹기 시작할 때 물범이나 바다코끼리가 빙산 뒤에 숨으면 보이지 않는다. 그럴 때 노를 물속에 담가서 동물들의 소리를 듣는다고 한다. 그러면 빽빽하는 울음소리와 물 튀기는 소리 등이 들리는데 동물이 어느 방향에 얼마나 떨어져 있는지 소리로 알 수 있는 추코트 사람들만의 사냥비법이다.

블라드미르 씨가 발견한 베링해의 귀신고래

추코트의 고래축제

　여름철, 귀신고래가 이곳 추코트의 바다에 오는 때를 맞춰 이곳 바닷가 마을에서는 일 년에 한번 고래축제가 열린다. 일 년 중 가장 따뜻할 때인 8월초에 열리는데 2004년 8월에는 우리가 있던 라브렌티야의 이웃 동네 '로리노(Lolino)'에서 고래축제가 열렸다.
　그날 아침 일찍, 우리는 블라드미르 씨의 보트를 타고 라브렌티야를 떠나 로리노로 향해 바다 위를 달렸다. 이곳 추코트에는 마을을 연결하는 도로가 거의 없다. 인구가 희박한 이곳에 마을과 마을을 연결하는 도

로리노 마을 풍경

로를 건설한다는 것은 사실 불가능하기에 필요한 물자도 전부 배로 실어온다. 이곳에서 가장 필요한 것은 난방과 취사용 연료인 석탄인데 그 석탄들을 모두 화물선으로 실어온다. 바다가 없으면 툰드라의 마을들은 고립될 수밖에 없고 특히 바다가 어는 겨울엔 이곳은 고립무원의 마을이 되는 것이다.

베링해의 험한 바다를 1시간쯤 달렸을까? 우리 앞에 작은 해안마을이 나타났다. 마을엔 축제를 한다고 많은 사람들이 모여 있었다. 축제의 첫 번째 행사는 고래를 잡는 것이었다. 고래사냥꾼들이 바다로 보트를 타고 나가 고래를 발견하게 되면 스무 번 정도의 총격을 가하게 되는데 그러면 고래는 7~8분 만에 죽게 된다. 통상 귀신고래 한 마리를 잡는데 출항과 발견, 추격해서 발포, 그 후 보트로 견인해서 포구로 돌아오기까지 보통 5시간쯤 걸린다고 한다.

그런데 이 날은 고래를 빨리 발견했는지 사냥꾼을 실은 보트들이 바다로 나간 지 2시간쯤 지났을까? 그들은 큰 귀신고래 한 마리를 잡아서 끌고 왔다. 과거엔 고래를 잡을 때 총이 아닌 전통방식인 작살로 잡도록 했으나 이 오지마을까지 국제포경위원회의 의지가 미치기에는 너무 멀었던 것일까? 언제부턴가 국제포경위원회도 이곳 사람들이 총으로 고래를 잡는 걸 허용했다.

고래를 육상으로 끌어올리기 위해서는 사람들의 힘만으론 부족했다.

사냥한 고래를 끌고 온다

해변에서 고래해체 시작

불도저가 고래를 묶어 육지로 끌어 올린다. 고래가 올라오자 사람들이 큰 양동이와 칼을 들고 일제히 고래에게 달려갔다. 그리곤 원하는 부위를 싹둑싹둑 베어 가는 게 아닌가, 그런데 이 때 "우~앙" 하며 황소울음 같은 큰 소리가 울려 퍼진다. 이게 무슨 소리지? 나는 어리둥절했다. 그런데 마을사람들이 고래가 아파서 우는 소리라고 했다. 육지로 끌어올려진 고래가 아직 숨이 붙어있었던 것이다. 그 소리는 고래가 죽기 전 내지른 마지막 비명소리였다. '아이고 불쌍한 고래야~'

내 눈앞에 펼쳐진 광경은 고래잡이 시절 울산의 장생포를 보는 것 같았다. 아이들은 주머니칼 같은 걸로 고래의 꼬리부분과 지느러미를 조금씩 잘라 내서 고래고기를 입안에 넣고 꼬물꼬물 씹는다. 우리보고 먹어보라고 권하기도 해서 내가 한입 얻어먹었는데 곧 뱉어내고 말았다. 고기라기보다는 생고무를 씹는 느낌이었다.

거의 한 시간 가까이 백여 명에 가까운 사람들이 고래고기를 베어내

고래고기를 가져가기 위해 양동이를 들고 기다리는 사람들

고래고기로 포식하는 썰매개

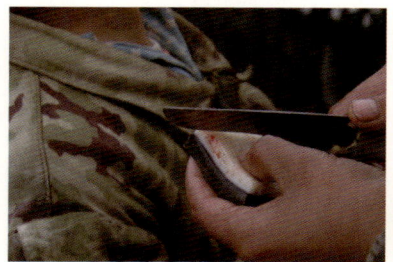

즉석에서 고래고기를 베어 먹는 아이들

먹을 고래고기를 베어가는 현지인과 나중에 뼈만 남은 고래

고 나니까 나중엔 고래의 뼈만 남았다. 고래의 살코기는 거의 사라지고 말았다. 이들은 겨울에 먹기 위해 여름에 고래고기를 다량으로 준비하는 것이다.

고래축제의 이튿날엔 마을 대항 노젓기 대회가 열렸다. 바닷가에서 마을사람들이 보트를 저어 누가 빨리 반환점을 돌아오는가 하는 시합이

추코트 고래축제의 하이라이트, 마을 대항 노젓기 대회

에스키모 전통 민속춤 공연

우리 촬영팀에게 전통춤을 보여 준 공연팀

민속의상을 입은 아이들

에스키모 전통 공예품들

었다. 평소엔 마을에 보이지 않던 청년들이 어디서 나타났는지 모두 선수로 나섰다. 시합이 시작되고 노를 젓는 뱃사람들의 힘찬 구령과 응원하는 사람들의 고함소리가 섞여 축제의 절정을 이루었다. 과거엔 해마가죽으로 된 전통 가죽배 우미악(Umiak)으로 시합을 벌였는데 이젠 튼튼한 나무배로 노젓기 시합을 하고 있다. 그들이 사용했던 해마가죽배는, 빙상이 움직이는 봄철에 사람들이 사냥을 나가게 되면 배를 빙상 위로 끌어올리거나 내리기가 수월했다고 한다.

추코트 고래축제 현장에는 에스키모 전통노래와 춤공연도 있었고 직접 만든 민속 공예품도 팔았다. 이날 고래축제엔 모스코바에서 제법 서열이 높은 고위직 인사들이 오고 추코트주 수도인 아나디르에서 많은 사람들이 구경을 왔다. 그 외에 대부분은 라브렌티야와 로리노의 마을사람들이었다. 라브렌티야와 이웃한 로리노의 주민 수는 각각 1,500명 정도였다.

이날 고래축제 현장엔 우리 외에 방송촬영팀이 또 하나 있었는데 영국의 공영방송사인 BBC였다. 그런데 우리가 전통 옷을 입은 어느 부족의 공연팀에게 전통춤과 노래를 불러달라고 부탁을 해서 섭외를 했는데 이걸 보던 BBC 촬영팀이 돈을 주고 공연을 촬영하는 바람에 그 이후론 다른 부족의 공연팀들도 돈을 달라고 해서 우리가 아주 난감해지기도 했다.

러시아 동쪽끝 추코트, 여름에도 눈이 녹지 않는 툰드라의 마을에서 열리는 고래축제는 아마 지구상의 가장 오지에서 열리는 축제라고 할 수 있겠다. 앞은 바다, 뒤는 황량한 툰드라 벌판, 사람이 생존을 걱정해야 할 정도로 척박한 땅이지만 그래도 축제를 통해 사람들이 살아있음에 감사할 수 있는 건 귀신고래가 베풀어주는 은혜가 아닐까?

툰드라벌판과 고래뼈

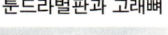

하늘에서 본 귀신고래

캘리포니아 샌시미언 해변에서 귀신고래를 관찰하는 미국 고래학자들

미국 워싱턴주 마카 인디언의 고래암각화

캘리포니아반도를 남북으로 종단하는 1번 도로,
북쪽 티후아나에서 남쪽 로스 카보스까지 무려
1,700km가 넘는다.

귀신고래가 바하캘리포니아 라군에 모일 때면
전세계의 관광객들이 고래를 보기 위해
이곳을 찾는다.

라군의 사구가 태평양의 높은 파도를 막아준다.

사람 키보다 훨씬 큰 바하캘리포니아의 선인장들.

바하캘리포니아 라군 주변에서 고래 화석을 줍다.

잠시 주웠는데 이렇게 많은 고래화석을 모을 수 있었다.

바하캘리포니아의 라군 주변엔 이처럼 고래 뼈가 흔하다.

라브렌티야에 있는 오래된 고래사냥꾼의 움막에 아침 안개가 걷히고 있다.

고래사냥꾼 블라드미르 씨가 고래 턱뼈를 세운다.

하늘로 솟은 고래 턱뼈가 툰드라 벌판의 오벨리스크가 되다.

날카로운 곰발톱

가죽을 벗기기 위해 잡은 물범을 급히 들고가는 블라드미르 씨. 고기를 달라고 따라다니는 썰매개.

고래 뼈를 벌판에 두는 것은 곰을 유인하기 위해서다.

새벽 2시쯤의 추코트 하늘. 여름엔 백야(白夜)현상으로 해가 완전히 지지않는다.

버려진 고래뼈를 놀이터 삼아 노는 추코트의 아이들

추코트에선 군용장갑차도 훌륭한 교통수단이다.

여름 툰드라 벌판에서 사람들은 버섯을 캔다.

우리 송이버섯과 비슷하다.

잡혀 온 고래를 끌어당기는 추코트 아이들

고래 수염판을 들고 포즈를 취한 러시아 가이드 비딸리 씨

고래를 끌어당기는 추코트 아이들의 해맑은 표정

고래를 육지 위로 끌어올릴 때쯤, 민속춤을 추면서 축제의 흥을 돋구는 사람들

노젓기대회를 응원하며 민속춤을 추는 추코트 여인들

4편
고래와 한반도

04

고래와 한반도

소금밭에 새끼를 낳는 고래

사람은 아기를 낳을 때 엄마 뱃속에서 아기의 머리가 먼저 나온다. 고래의 경우는 어떨까? 고래는 사람과 정반대로 엄마 뱃속에서 새끼고래의 꼬리가 먼저 나온다. 그것은 허파호흡을 하는 고래가 물속에서 새끼를 낳기 때문이다. 만약 새끼고래의 머리가 먼저 나온다면 아마 출산이 끝날 때쯤 새끼고래는 물속에서 숨을 못 쉬어 질식사해 버릴 것이다.

새끼 낳는 돌고래 (출처 : 미국 브룩필드 동물원)

옛날 어머니들은 아기가 태어나자마자 아기의 볼기짝을 때렸다. 그것은 아기가 "애앵" 울면서 첫 숨을 쉬도록 하기 위함이다. 그렇다면 물속에서 태어난 갓 난 새끼고래는 어떻게 첫 숨을 쉴까? 어미고래는 새끼를 낳자마자 자신의 등으로 새끼를 수면 위로 밀어 올린다. 그래서 새끼고래가 코를 물 밖으로 내밀도록 해서 "푸하~" 하고 첫 숨을 쉬게 하는 것이다. 만약 그 과정이 조금이라도 지체가 된다면 새끼고래는 호흡을 할 수 없는 위험한 순간을 맞을 수도 있다.

과거 우리 어머니들이 어린 아이를 포대기에 싸서 업고 다녔듯이 고래 또한 어미가 어린 고래를 키울 때 어미가 새끼를 등에 업고 다닌다. 귀신고래의 산란장인 캘리포니아반도의 리에브레라군에서도 어미고래들이 새끼를 등에 태우고 헤엄치는 것을 많이 봤는데 이것은 어린 고래가 물 밖으로 코를 내밀어 숨 쉬는데 보다 익숙해지도록 하기 위해서다.

새끼를 등에 업고 헤엄치는 어미고래

그런데 재밌는 것은 이곳 리에브레라군에서도 어미고래들이 새끼를 잘 낳는 명당자리가 있다. 그곳은 라군이 육지와 맞닿는 가장 안쪽이다. 이곳 고래학자들이 조사한 바로는 라군의 안쪽 얕은 곳은 바다 쪽보다 염분농도가 높다. 이곳은 사막지형이라 육지에서 민물이 유입되지 않을 뿐더러 육지 가까운 곳은 수심도 얕고 사막의 뜨거운 열기로 바다 쪽보다 물의 증발량이 더 많다. 그래서 염분 농도가 높은 것이다. 리에브레라군의 평균 염도는 3.2~3.5%정도인데 반해 라군의 안쪽은 3.8~4.2%에 이른다. 물이 얕은 라군의 안쪽은 바닷물이 계속적으로 증발하면서 자연적으로 넓은 소금밭이 형성된다. 그래서 이곳은 멕시코 최대의 천일염 생산지이기도 하다.

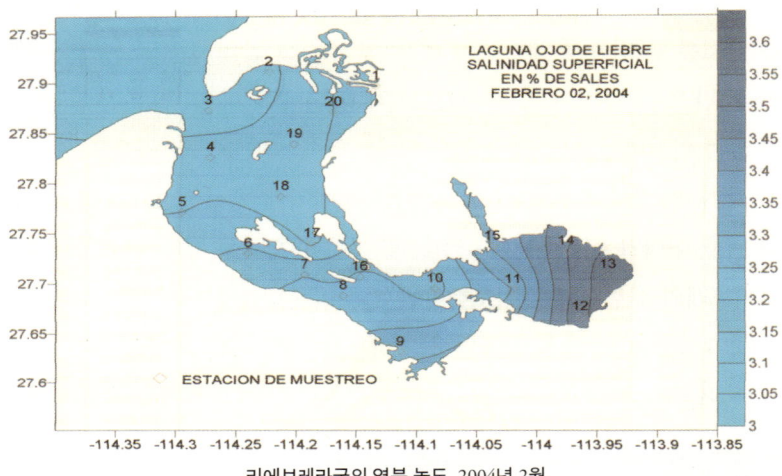

리에브레라군의 염분 농도, 2004년 2월

리에브레라군의 천일염 생산지

그런데 고래들이 왜 염분농도가 높은 바다에서 집중적으로 새끼를 낳을까? 이유는 간단하다. 소금농도가 높은 물속에서는 무엇이든지 물 위로 잘 떠오른다. 그렇듯이 그곳에서 고래가 새끼를 낳으면 새끼고래가 저절로 몸이 둥둥 물 위로 떠올라 숨쉬기가 훨씬 수월하기 때문이다. 고래의 사산률(死産率)이 그만큼 줄어든다는 얘기다. 이 얼마나 놀라운 동물들의 지혜인가.

2004년 당시에 고래연구소의 김장근 박사와 함께 울산 태화강 하류에 있는 염포산에 올랐던 적이 있다. 발아래로 태화강 하구와 울산만이 한눈에 들어왔다. 김 박사는 바다 쪽을 바라보면서 이곳 울산만이 과거 귀신고래의 번식장이었을 가능성이 있다고 했다. '그럴 수 있겠구나' 생각했는데 순간 퍼뜩 내 머릴 스치는 단어 하나가 떠올랐다. '염포!' 옛날 울산의 지명이 '염포(鹽浦)'가 아니었던가, 동해안에서 유일하게 개펄이 있어 소금을 생산했던 바다가 바로 이곳 울산만이었던 것이다. 그 옛날 한반도를 찾아 온 귀신고래들이 이곳 울산바다에서 새끼를 낳았던 이유도 소금을 생산하는 이 바다의 염분 농도가 높았기 때문이 아니었을까?

그런데 그 증거가 이 울산만 상류에 있다. 울산만에서 태화강을 따라 30km쯤 상류에 있는 반구대 암각화에는 새끼를 등에 업은 고래그림이 있다. 그 옛날 울산만은 리에브레라군처럼 귀신고래들이 새끼를 낳고

염포
표지석

염포산에서 인터뷰 중인 김장근 박사

현재의 울산만

기르면서 무수히 많은 귀신고래들이 헤엄치고 놀았던 곳이었고 선사인들은 그 광경을 직접 눈으로 보고 반구대에 그림으로 남긴 것이다. 암각화의 어린 고래그림과 '염포'라는 지명으로 유추해 볼 때 옛 울산만은 귀신고래의 천국이었음에 틀림없다.

암각화의 새끼고래와 어미고래
(출처 : 백성욱 작가)

리에브레라군의 가장 깊은 곳은 수심 32m정도이다. 멕시코 리에브레라군의 소금공장은 1954년에 지어졌고 세계에서 제일 큰 천일염생산지다. 이곳 염전은 바닷물을 가두어 증발시키는 면적이 3만 헥타르에 이르고 하얀 소금결정을 만들어내는 면적만 해도 3천 헥타르나 된다. 이곳에서 일 년에 대략 7백5십만 톤 정도의 소금을 생산하는데 우리나라 천일염 생산량은 연간 32만 톤 정도다.

로이 채프만 앤드류스(Roy Chapman Andrews)

고래를 잡았던 마을, 울산 장생포에 가면 고래박물관 앞 바닷가에 황금색 동상이 서있다. 이 동상의 주인공은 바로 미국의 고래학자이면서 고고학자이고 또 탐험가이기도 했던 로이 채프만 앤드류스(Roy Chapman Andrews)다. 그의 동상이 왜 이곳에 있을까?

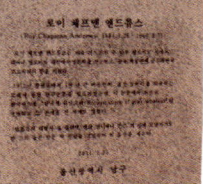
앤드류스 동상

그것은 1912년에 그가 직접 이곳 장생포에 와서 1년간 머무르며 한반도의 귀신고래를 연구했기 때문이다. 앤드류스는 당시 미국 바다에서 멸종위기에 처한 귀신고래를 연구하던 중, 동아시아에 산다

포경선을 타고 있는 로이 채프먼 앤드류스(1910년)

는 '데블 피쉬(devil fish)'에 대한 소문을 듣게 된다. 데블 피쉬는 당시 귀신고래의 또 다른 별명이었는데 고래잡이들로부터 새끼를 지키려는 귀신고래가 사람을 공격한 일이 있었기 때문이었다.

그는 동아시아의 데블 피쉬가 귀신고래가 아닐까 하는 생각으로 1912년에 울산 장생포로 건너오게 된다. 1912년 당시 울산은 고래잡이가 한창이었다. 앤드류스가 장생포에 도착해서 이 데블 피쉬를 처음 목격한 순간을 그는 이렇게 적고 있다. "동이 틀 무렵 고래잡이배 한 척이 항구로 들어왔다. 뱃전에 고래의 검은 꼬리가 보였다. 그리고 흰 반점으로 덮여 있었다. 기중기가 고래를 끌어올렸을 때 고래머리가 나타났다. 아, 바로 이 고래다." 그가 울산 장생포에 와서 봤던 그 고래가 바로 당시 멸

1912년 당시 앤드류스가 장생포에서 직접 찍은 귀신고래 사진

종 위기에 처해 있었던 캘리포니아 귀신고래와 같은 고래였다.

장생포에서 1년여 동안 귀신고래 조사를 마치고 미국으로 돌아간 앤드류스는 1914년에 자신의 연구를 집대성한 귀신고래 논문을 발표했다. 그리고 그는 논문에 이렇게 적었다. "한국에서 발견된 귀신고래는 형태 등 모든 면에서 미국에서 발견된 귀신고래와 거의 일치한다." 사실 앤드류스의 연구 이전에 미국에선 고래에 대한 과학적인 연구가 없었다. 앤드류스 논문이 고래에 대한 과학적인 최초의 논문이었고 이후로 그의 논문은 후학들에게 고래연구의 길잡이가 되었다.

앤드류스 논문은 우리에겐 더욱 특별하다. 앤드류스는 그의 논문에서 우리 바다의 귀신고래를 "The Korea specimens of gray whales(한국계 귀신고래)"라고 표기했는데 그 이후로 "한국귀신고래(Korean gray whale)"라는 이름이 고래연구자들 사이에서 일반적인 용어로 자리 잡게 되었다. 앤드류스가 귀신고래를 연구했던 1912년은 일제강점기였고 우리 동해바다 또한 일본해로 표기됐을 텐데 그가 우리 바다의 귀신고래를 "한국귀신고래"라고 이름 붙여준 것이 얼마나 고마운 일인가, 앤드류스의 논문

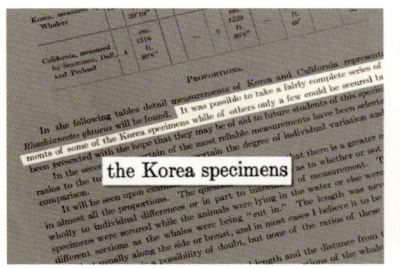

한국귀신고래(the Korea specimens)라는 이름과 논문 내용의 일부

은 우리가 잊고 지냈던 우리 자연사의 소중한 한 부분을 간직하고 있는 것이다.

필자는 2004년 3월경, 당시 고래연구소 손호선 연구관과 함께 미국의 고서적 사이트를 샅샅이 뒤졌다. 앤드류스의 귀신고래 논문을 찾을 수 있을까 하는 일말의 기대 때문이었다. 그런데, 지금 생각하면 그것도 엄청난 기적이 아니었나 싶다. 앤드류스가 1914년에 펴냈던 귀신고래 논문의 원본을 발견한 것이다. 대한민국 국민에겐 보물 같은 이 책을 가격불문하고 무조건 구입했다. 당시 가격으로 150달러, 운송비 19.5달러를 포함해서 그 때 우리 돈 20만 원 정도가 들었던 것 같다.

1914년 앤드류스의 귀신고래 논문 원본

한국으로 배달된 그 논문을 처음 개봉했을 때 얼마나 감격스러웠던지, 나는 눈물이 날것만 같았다. 세상에 나온 지 100년이 다 된 논문은 만지면 모서리가 퍽석퍽석 삭아서 가루가 될 정도였다. 우리는 논문의 겉표지와 내용에 실린 사진 몇 장을 촬영한 후 조심스럽게 포장해서 장생포 고래박물관에 바로 기증했다. 지금도 고래박물관에 전시돼 있는 앤드류스의 논문 앞에 서면, 한국귀신고래의 존재를 세상에 처음 알린 논문이자 한국에 단 하나뿐인 논문이기에 솔직히 뿌듯한 느낌을 지울

1920년대 앤드류스의 몽골 탐사 및 발굴작업

몽골에서 공룡알 화석을 발견하다

앤드류스가 발견한 공룡 두개골 화석   앤드류스와 해리슨 포드

수 없다.

1920년대 들어서는 앤드류스가 몽골의 고비사막에서 공룡발자국과 공룡알 화석을 발견하면서 고고학자로서 세계적인 명성을 얻는다. 그리고 당시만 해도 사람들의 발길이 닿지 않았던 중앙아시아의 오지를 돌며 굵직굵직한 고고학적인 발굴성과를 이뤄내면서 그는 마침내 미국 뉴욕의 자연사박물관 관장이 된다. 지금도 미국 자연사박물관에 가면 앤드류스의 전시실이 별도로 마련되어 있을 정도다.

앤드류스가 한국에서 찍은 사진들

오지를 향한 그의 끝없는 탐험과 놀라운 발굴성과로 인해 앤드류스는 우리가 잘 아는 영화 '인디아나 존스'의 실제 모델이기도 했다. 사진 속의 앤드류스는 카우보이 모자를 쓰고 옆에는 총을 차고 있다. 영화 속 해리슨 포드와 영판 닮은 모습이다.

앤드류스가 1912년부터 한반도에 머물 당시에 찍은 사진이 아직도 남아 있다. 위의 첫 번째 사진은, 그가 한반도 내륙지방을 여행하면서 당시 현지인들과 함께 주먹밥을 먹는 모습이다. 가운데 미국식 카우보이 모자를 쓴 이가 앤드류스다. 그런데 함께 한 현지인들의 머리에 쓴 모자가 이채롭다. 머리에 갓을 쓴 이도 있고 탕건을 쓴 이도 보인다. 그리고 그 옆의 사람은 고깔을 썼다. 위의 두번 째 사진은 그가 한반도 내륙에서 사냥 중에 머물렀던 집으로 추정되는데 처마 밑에는 그가 사냥한 짐승들이 주렁주렁 걸려 있다.

오른쪽 위에 있는, 또 하나의 사진은 앤드류스의 논문에 실린 사진인데, 해외의 고래학자들이 한국귀신고래를 언급할 때 빠지지 않고 꼭 게재하는, 나름 아주 유명한 사진이기도 하다. 왜냐하면 한국 고유의 의상과 한국귀신고래가 함께 등장하는 유일한 사진이기 때문이다.

사진 속에는 1912년 당시 장생포에 잡혀 온 귀신고래를 해체하는 작업이 한창 진행 중이고 그 앞에 흰옷을 입고 갓을 쓴 한국인 두 사람이 보인다. 그리고 사진 오른쪽에 작업 중인 사람들이 나름 멋진 포즈를 잡고 있는 두 사람을 보고 웃음 짓는 표정과 힌 옷 입은 사람의 소매에서 삐져나온 곰방대가 재미있다. 사진 속 한국인은 죽은 고래 앞에서 멋진 포즈를 취하고 있지만 사실 당시에 고래를 잡을 수 없었던 한국인들은 고래잡이의 혜택을 전혀 누리지 못했다고 한다.

울산 남구청은 2011년에 앤드류스의 장생포 방문 100주년을 기념하여 장생포에 1.8m짜리 그의 흉상을 세웠다. 당시 미국잡지 〈내셔널 지오그리픽〉에 실린 앤드류스의 탐험기에는 다음과 같이 적혀 있다. "At

1930년대의 장생포. 부두엔 포경선이 정박해 있고 유곽(遊廓)인 듯한 일본식 2층집이 보인다.

night I was lulled to sleep by the distant sounds of a twanging samisen and feminine laughter."(장생포의 늦은 밤, 나는 멀리서 들리는 가야금 뜯는 소리와 여인네들의 웃음소리를 자장가 삼아 잠이 들었다.)

앤드류스의 고향, 벨로이트 방문기

필자는 2004년에 앤드류스의 고향인 미국 위스콘신주 벨로이트(Beloit)市를 방문했다. 주변에 산 하나 보이지 않는 끝없이 펼쳐진 기름진 농토 위에 자리한 인구 5만 정도의 작은 도시였다.

로이 채프먼 앤드류스는 1906년에 벨로이트 대학을 졸업하고 1920년대에 몽골 고비사막에서 석기시대 유물을 탐색했다. 앤드류스는 탐험할 때 모자와 권총을 잊지 않았다. 그러나 영화 인디아나 존스에서 주인공 해리슨 포드가 채찍을 휴대했던 것과는 달리 그는 채찍은 가지고 다니지 않은 것으로 알려졌다.

그의 생가는 아주 낡고 오래된 집이었다. 그 집은 1859년에 앤드류스의 할아버지가 손수 지은 집이라고 한다. 아직까지 그의 후손들이 그 집에 살고 있었는데 집 앞 마당엔 성조기가 휘날리고 있었다. 그리고 집 앞에 세워진 나무로 된 푯말에는 "Birthplace of Roy Chapman Andrews(여기는 로이 채프만 앤드류스가 태어난 곳입니다.), He was the real Iniana Jones(그는 영화 인디아나 존스의 실제 주인공입니다.)" 라고 적혀 있었는데 후손들은 그 푯말에 대해 아주 자랑스러워했다.

나는 앤드류스의 묘지도 방문했다. 1960년에 앤드류스가 죽기 전에 그는 벨로이트에 있는 가족묘지에 묻어달라고 했다. 그의 묘비는 돌로 만든 묘비가 아니고 그의 이름과 출생, 사망연도가 새겨진 동판이 전부였다. 그의 유명세에 비하면 그의 무덤은 초라했다.

벨로이트시에 있는 앤드류스의 생가

벨로이트에 살고 있는 역사동화작가 앤 보솜(Ann Bossom)은 20년 동안 앤드류스를 연구하고 그에 대한 책을 쓰고 있다. 그녀는 귀신고래의 발견과 공룡 알의 발견이 앤드류스의 생애에서 가장 의미 있는 발견이었다고 한다.

앤드류스는 살아있는 고래에 대한 관찰과 고래를 해부하는 것을 처음으로 시도한 사람이었다. 1914년에 펴낸 앤드류스 논문은 다른 과학자들에겐 충격적이었다. 사라진 동물이 다시 나타났기 때문이었다. 그의 논문은 뉴욕 컬럼비아대학 석사 논문이 되었는데 그 논문은 아직까지 고래연구자들이 이용할 정도다. 그가 한국에서 미국으로 보낸 귀신고래의 뼈가 미국박물관에 전시됐던 최초의 고래 뼈였다.

앤드류스의 가족묘와 동판이 있는 그의 묘

앤드류스의 고래탐험은 1908년부터 1919년까지였다. 1912년에 그는 울산 장생포에서 고래연구와 함께 한국의 내륙으로 들어가서 탐험을 하기도 했다. 그의 글 중에 한국의 온돌난방 방식에 대한 내

1912년에 앤드류스가 촬영한 우리 농촌의 아궁이

용이 있는데 '이곳의 난방시설은 아주 정교하게 만들어졌고 불을 지피기에 아주 적절한 장치였다' 고 했다. 또 자기 고향에서는 상상도 하지 못하는 방식으로 가열하는 걸 보고 놀랐다고 했다. 그는 한국여행을 하면서 한국을 아주 좋아했다. 내셔널 지오그래픽 잡지에 한국에 대해 소개했는데 그것이 미국사람들에게 한국을 알린 첫 번째 사례였다.

1980년에 개봉한 '인디아나 존스' 영화는 탐험가 앤드류스로부터 많은 영감을 받았을 것으로 추측하고 있다. 앤드류스가 영화에 직접적인 영향을 주었는지는 알 수 없지만 탐험이란 무엇이고 또 창조적인 상상력을 자극하기에 충분한 도움을 주었을 것이다.

국립수산과학원 김장근 박사는 "앤드류스 논문은 역사적인 해양유산이고 지금도 전세계 과학자가 널리 인용하고 있는 고래연구의 바이블"이라고 한다. 한국에서 귀신고래연구는 70년 전 귀신고래가 우리바다에서 사라질 때까지도 전무했다.

앤드류스가 붙여준 귀신고래의 이름 '한국귀신고래(Korean gray whale)'는 학명이 아닌 통칭으로 쓰는 일반적인 명칭이다. 현재 세계의 고래학자들은 '한국귀신고래(Korean gray whale)'라는 이름을 인정은 하지만 이 이름보다는 점차 다른 이름을 더 많이 쓰고 있다. '귀신고래의 서태평양 무리(Western gray whales) 라고도 하고 한국-오호츠크 귀신고래(Korean-Okhotsk gray whales)' 또는 '아시아 귀신고래(Asian gray whales)' 라는 명칭도 많이 사용한다. 학명이 아닌 통칭으로 쓰는 일반명은 얼마나 많이 쓰느냐가 관건이다. 소형고래를 과거 '곱시기'라 했지만 지금은 '돌고래'가 대세인 것처럼 우리가 '한국귀신고래(Korean gray whale)' 라는 이름으로 세계해양포유류학계에 더 많은 논문을 발표해서 한국귀신고래의 이름을 더 널리 알려야 할 것이다.

앤드류스의 글 Rediscovering an "Extinct" Whale (멸종된 고래의 재발견)

아래의 글은, 앤드류스가 아시아 연안에 귀신고래가 있다는 소식을 접하고 1912년에 일본을 거쳐 울산의 장생포로 와서 한국귀신고래를 조사하던 과정을 앤드류스가 직접 적은 글이다. 이 글은 앤드류스가 1954년에 펴낸 책 'All about whales'에 실려있다.

앤드류스 글 속의 삽화

"1910년 내가 일본에 있을 때 '고쿠쿠지라(克鯨, 귀신고래의 일본말)'라고 불리는 고래에 대해 알게 됐다. 그 고래들은 겨울이면 한국의 동쪽해안에 가까이 붙어서 남쪽으로 이동한다. 이제는 사라져 버렸지만 스캐몬 선장이 말한 캘리포니아 귀신고래와 외모나 습성이 거의 똑같다고 한다. 나는 믿을 수가 없었다. 귀신고래는 이미 지구상에서 멸종해 버리지 않았는가! 이건 공룡이 다시 살아나온 것과 다름없지 않은가!

그런데도 내겐 그 고래에 대한 생각이 떠나질 않았다. 마침내 나는 한국에 가기로 결심했다. 가서 '악마의 물고기(devil fish)'가 대체 무엇인지 알아야겠다. 만약 그것이 캘리포니아 귀신고래가 아니라면 그것은 전혀 새로운 종(種)임에 틀림없다. 생각만 해도 가슴이 뛰었다. 새로운 종의 고래를 발견한다는 것은 흔한 일이 아니다.

1912년 1월, 지독히 추운 밤, 나는 작은 어선을 타고 일본을 떠났다. 우리는 한국의 부산에서 북쪽으로 40마일(64km) 떨어진, 포경기지가 있는 울산으로 향했다. 동해를 건너는 일은 혹독한 뱃길이었다. 엄청난 파도가 갑판을 들이쳐서 우리는 몸속까지 흠뻑 젖었다. 우리 일행 5명은 정원 2명의 작은 선실로 비집고 들어갔다. 모두가 뱃멀미로 고통스러워했다. 나는 도착 전까지 고래에 대한 얘기조차 듣고 싶지 않을 정도였다.

힘들게 도착한 장생포 포경기지는 일본의 포경기지와 거의 비슷했다. 나는 포경기지 책임자의 집에 있는 방 한 칸에 숙소를 마련하자마자 그 방 침대에서 완전히 곯아떨어졌다. 그러나 쉬는 것도 잠깐, 자정이 지났을 무렵 집이 흔들릴 정도로 엄청나게 큰 뱃고동 소리가 울렸다. 고래를 잡은 포경선이 도착한 것이다. 나는 가슴이 떨렸다. 전혀 새로운 종의 고래를 발견하거나 아니면 반세기 동안 우리 자연사에서 사라져버린 고래를 다시 발견하거나 둘 중 하나를 확인할 수 있는 기회였기 때문이다.

나는 피곤함도 마다하고 작업용 장화를 신고 두꺼운 외투를 입고 부두로 뛰어갔다. 어두운 바다 위로 조명탄이 밝혀지고 칠흑 같은 어둠을 헤치고 마치 유령선이 등장하듯 배가 나타났다. 뱃머리와 뒤 갑판은 흰 얼음으로 덮여 있었다. 뱃머리에 묶인 고래의 검은 꼬리가 보였다.

꼬리의 모양은 내가 알고 있던 고래들과는 달랐다. 따개비로 인한 하얀 상처로 가득 덮여 있었다. 등지느러미는 없었고 고래의 등은 치마 주름 마냥 구불구불했다. 기계가 밧줄에 묶인 고래의 몸을 끌어 올렸을 때 고래의 머리가 나타났다. "아, 바로 저 놈이다! 그 고래는 바로 사라져버린 캘리포니아 귀신고래가 아닌가!" 나는 새로운 종의 고래를 발견한 것보다 더 기뻤다. 멸종했으리라 여겨졌던 동물이 다시 나타난 기적이랄까, 마치 살아있는 공룡이나 해적의 보물을 발견한 기쁨이랄까.

다음 날 아침엔 포경선 렉스 마루(Rex maru)호가 두 마리의 고래를 더 잡아왔다. 그 고래의 길이를 재고 사진을 찍기에 시간은 충분했다. 고래잡이 시즌이 끝나기 전에 나는 35마리의 귀신고래를 조사할 수 있었고 200장의 사진을 찍을 수 있었다. 이것은 귀신고래에 대해선 처음 있는 일이 아닐까, 그리고 귀신고래 두 마리의 온전한 뼈를 배편으로 미국으로 보냈다. 하나는 뉴욕에 있는 미국자연사 박물관으로, 또 하나는 워싱턴에 있는 스미소니언 박물관으로 보냈다.

귀신고래는 참고래나 다른 수염고래와는 아주 다르다. 두 고래들의

1912년에 앤드류스가 장생포에서 직접 촬영한 귀신고래

04 고래와 한반도

특성을 합쳐놓은 것과 같다. 귀신고래의 습성은 기이하고 또 흥미롭다. 나는 귀신고래를 연구하기 위해 이젠 친구가 된 멜솜 선장과 함께 메인(Maine)호를 타고 자주 바다에 나간다. 그는 일본인들에게 어떻게 귀신고래를 잡는지를 가장 먼저 보여준 사람이기도 하다.

바다는 항상 거칠었다. 혹독하게 추운 날엔 바람은 그칠 줄 몰랐다. 포경포 앞에 서 있을 때면 그곳은 얼음으로 덮이곤 했다. 몸에 오일을 발라도 금세 뻑뻑해졌다. 갑판에서 걷기를 계속하지 않는다면 우린 금방 얼어버릴 것이다. 그렇지만 그 고생 속에서도 귀신고래에 대해서 많은 것을 알게 됐다.

귀신고래들이 남쪽으로 이동할 때는 11월 말쯤에 울산바다에 나타나기 시작했다. 어린 고래를 데리고 가는 암놈 귀신고래가 먼저 나타났다. 그 뒤로는 어른 숫고래와 암고래가 보였다. 1월 7일부터 25일 사이에는 어른 숫고래들만 보였다. 모든 암고래들이 지나가고 나면 남쪽으로의 이동은 끝난다.

귀신고래들은 울산을 지나고 나서 바로 새끼를 낳을 거라고 본다. 아마 새끼는 한국의 남쪽바다에 섬들이 많은 만에서 낳을 것임에 틀림없다. 그들이 남쪽으로 향할 때는 서둘러 곧장 이동한다. 그 때 그들은 어린 새끼고래와 동행하지 않지만 나중에 북쪽으로 올라올 때는 어린 새끼가 어미의 뒤를 따르는 걸 보게 된다.

귀신고래에 대해 스캐몬이 관찰한 것과 나의 관찰을 비교하면 흥미롭다. 두 종류의 귀신고래가 회유하는 유형과 시기는 비슷하다. 새끼를 낳는 한국의 남쪽바다와 남쪽 캘리포니아의 위도 또한 거의 비슷하다.

여름에 한국귀신고래들은 오호츠크 바다에서 산다. 캘리포니아 귀신고래는 베링해와 더 북쪽의 바다에서 산다. 아마 그 두 종류의 귀신고래는 서로 섞이기도 하고 서로 짝짓기도 하지 않을까, 그러나 아직은 그 누구도 장담할 수 없다.

갓 태어난 귀신고래 새끼는 9~10피트(2.7~3m) 정도의 크기다. 생후 3개월이 되기 전에 고래는 12~17피트(3.7~5.2m)로 자라고 1년이 지나면 18피트(약5.5m) 이상 자란다. 해안을 따라 이동할 때 물속에 머무는 시간은 7~8분이다. 그들이 수면 위로 올라와서는 보통 세 번 정도 숨을 쉰다. 깊이 잠수를 하는 모습은 혹등고래와 흡사하다. 입이 먼저 보이기 시작하고 몸이 회전하면서 꼬리가 물 위로 완전히 드러난 후 천천히 가라앉는다. 그러나 항상 꼬리가 수면 위로 보이는 건 아니다. 수면에서 가라앉을 때 몸의 일부만 살짝 보일 뿐 꼬리는 보이지 않을 때도 많다."

미역 먹는 고래

우리나라 사람들의 미역사랑은 정말 대단하다. 일본의 된장국 '미소(味噌)'에 간혹 한 두 조각 미역이 들어있는 것을 보긴 했지만 미역으로 펄펄 끓는 국을 끓여 먹는 민족은 전 세계를 통틀어 우리뿐이다.

특히 미역은 애를 낳은 산모(産母)의 피를 맑게 한다 해서 산모가 산후

울산 서생의 미역양식(2004년)과 주전마을의 미역건조

조리할 때 꼭 미역국을 먹게 한다. 이것은 현대과학으로도 증명된 사실이다. 또한 경상도 바닷가 사람들은 미역쌈을 좋아한다. 생미역에 밥 한 숟갈 얹고 멸치젓갈을 살짝 찍어서 먹으면 밥 한 공기는 순식간에 뚝딱 해치울 정도다.

우리가 미역을 이렇게 열심히 먹는 것도 고래한테서 배운 것이다. 조선후기 실학자 이규경이 쓴 〈오주연문장전산고(五洲衍文長箋散稿)〉라는 책에 이런 기록이 있다. "爲新産鯨所噙呑 入鯨腹 見鯨之腹中 海滯葉滿付 臟腑惡血 盡化爲水 僅得出腹 始知海帶爲産後補治之物 (사람들이 고래를 잡아 그 뱃속을 보았는데 갓 새끼를 낳은 고래의 몸속에 미역이 가득한 채 악혈이 녹아 물이 돼있었다. 이후로 사람들이 산모의 회복에 미역이 좋은 줄 알고 미역을 먹었다.)"

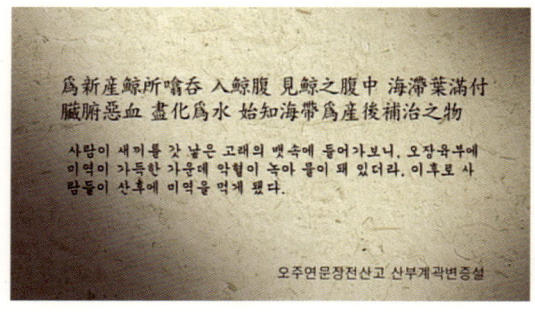

오주연문장전산고에 적혀있는 미역을 먹게 된 내력

더 이전의 기록인 8세기 당나라 책 '초학기(初學記)' 에도 "고구려인들은 고래가 새끼를 낳은 후 미역을 먹으며 상처를 치유하는 것을 보고 산부(産婦)에게 미역국을 먹였다." 라는 기록이 있다.

자연을 관찰하는데 있어 이건 우리 민족의 대단한 통찰력이 아닐 수 없다. 미역을 먹었던 기록만 아니라 미역과 관련된 유적도 있다. 울산의 정자바닷가에는 '미역바위(藿巖)' 가 있다. 고려를 건국한 태조 왕건이 개국공신이었던 울산의 호족, 박윤웅(朴允雄)에게 울산바다의 독점적인 미역채취권을 하사했는데 그 증거가 바로 미역바위다. 울산 북구 정자해변에서 30여m쯤 떨어진 바다 위에 불쑥 솟은 작은 갯바위지만 지금도 '미역바위' 라는 이름으로 전해져 온다. 이만하면 우리 민족의 미역사랑은 아주 오래전부터 시작됐음을 알 수 있다.

미역바위 안내판

미역바위

그런데 고래가 과연 미역을 먹을까? 그동안 많은 고래학자들이 품고 있는 의문이기도 하다. 고래가 미역을 먹는 것을 거의 본 적이 없기 때문이다. 단지 해안 가까이 지나는 귀신고래가 미역밭이나 키 큰 갈조류의 바다에서 헤엄치는 광경이 작가들의 사진으로 알려지면서, 미역을 먹는 것은 귀신고래만의 독특한 섭생이 아닐까 추측하는 고래연구자들도 많다.

1912년에 울산 장생포에서 귀신고래를 연구했던 미국의 고래학자 로이 채프만 앤드류스도 귀신고래가 미역을 먹는다는 사실을 알았다. 1914년에 펴낸 그의 귀신고래 논문에 보면 "the stomach was filled with a

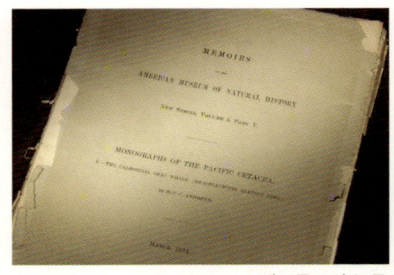
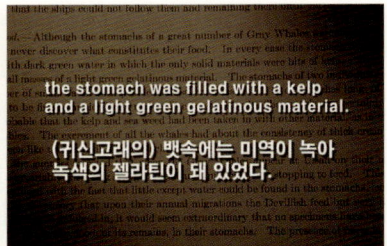

앤드류스의 논문 속의 미역관련 내용

kelp and a light green gelatinous material (고래의 뱃속을 보니 미역이 녹아서 연두 빛 젤리가 돼있었다)"는 한 줄의 기록이 있다.

그런데 그것뿐이다. 그는 고래가 왜 미역을 먹는지는 몰랐다. 고래가 미역을 먹어서 나쁜 피가 물처럼 맑은 피가 된다는 사실을 앤드류스는 꿈에도 몰랐을 것이다. 하지만 우리 조상들은 천 년 전, 아니 그 이전부터 고래가 미역을 먹는 이유를 알았고 미역을 먹는 고래의 섭생(攝生)을 통해 삶의 지혜를 얻은 슬기로운 민족이었다.

작살 박힌 고래 뼈

울산의 남쪽을 흐르는 외황강 하구는 '개운포(開雲浦)'라 불린다. '개운포'라는 이름은 삼국유사에 전하는 처용설화에서 유래됐다. 신라 49대 헌강왕이 동해로 행차했다가 외황강 하구에 당도하니 갑자기 먹구름이 몰려오고 거센 바람이 불었다. 그러자 왕이 동해용왕이 노한 줄 알고 동해용왕을 위해 절을 지어드린다고 하자 이내 먹구름이 물러가고 하늘이 활짝 개었다. 그래서 그 후로 이곳 지명이 '개운포(開雲浦)'가 됐다.

이곳 개운포에는 당시 동해용왕의 아들인 처용(處容)이 등장했다는 처용암이 남아 있다. 2000년에 이곳 처용암 바로 인근 해안의 세죽패총에

개운포의 처용암 (출처 : 국가유산청)   세죽패총 발굴 현장

대한 발굴작업이 있었다. 발굴면적은 고작 100여 평 정도였지만 이곳 패총에서 6천 년~1만 년 전의 유물인 무문토기와 융기문토기들이 발견됐다. 그리고 그 신석기유물들 속에서 고래 뼈들이 대거 발견됐는데 그 고래 뼈들 중에서 사람들의 눈길을 사로잡은 고래 뼈 2점이 있었다. 그것은 바로 작살 박힌 고래 뼈였다.

고래 뼈에 박혀있던 작살은 사슴 뼈로 만든 것이었다. 반구대 암각화

고래의 어깨뼈와 꼬리뼈에 박힌 작살

04 고래와 한반도

에도 작살 박힌 고래 그림이 있는데 그 그림이 실물로 그대로 발견된 것이었다. 그리고 그것은 선사인들이 작살을 던져 고래를 잡았다는 명백한 증거이기도 했다.

그런데 연구자들이 그 고래 **뼈**를 자세히 관찰하던 중, 작살이 꽂힌 위치를 알고는 놀라움을 감추지 못했다. 작살이 박힌 곳은 고래의 어깨뼈와 꼬리뼈였다. 고래의 어깨뼈와 꼬리뼈는 고래가 헤엄을 치기 위해서 가장 중요한 부분이다.

꼬리뼈와 어깨뼈에 작살을 맞을 경우, 고래는 헤엄을 쳐서 앞으로 나아갈 수도 없고 헤엄치는 방향을 바꿀 수도 없다. 그런데 패총에서 발견된 작살은 고래의 어깨뼈와 꼬리뼈에 정확하게 꽂혀 있었던 것이다.

포경포로 고래를 잡았던 근대에 들어서는 포에서 발사된 대형 작살이 몸에 박히는 순간 고래는 더 이상 도망을 칠 수가 없었다. 그러나 선사시대엔 손으로 던지는 작살로 고래를 잡아야 했다. 지방층이 두꺼운 고래가 사람이 던진 작살 몇 개를 맞았다 해서 치명상을 입는 건 아니었다. 그러나 꼬리뼈나 어깨뼈에 작살이 꽂힌다면? 고래는 앞으로 나아가는 속도도 현저히 줄어들고 또 방향을 자유자재로 바꿀 수도 없었다.

당시 선사인들은 고래의 최대 약점을 꿰고 있었고 또 정확하게 그 자리에 작살을 꽂았던 것이다. 7,000년 전 사람들의 고래사냥 실력이 얼마나 정교했는지를 아주 잘 보여준다. 이 땅의 선사인들은 바다를 두려워하지 않았다. 그들은 거친 바다에서 작살을 던져 집채만 한 고래를 직접 사냥했던 것이다.

그리고 작살 박힌 고래 **뼈**가 발견된 곳은 신석기시대의 패총이다. 이것은 신석기시대 사람들이 고래를 잡았다는 확실한 증거이기도 하다. 그래서 이 고래 **뼈**의 발견으로 반구대 암각화에 고래를 새긴 시기도 종래 기원전 300년의 청동기시대에서 7천 년 전 신석기시대로 더 거슬러 오르는 계기가 되었다.

우리 유물 속의 고래

토우장식 장경호

위 사진은 신라시대 유물, 토우장식 장경호이다. 흙으로 빚은 그릇 표면에 많은 흙인형들의 장식물이 붙어 있는데 이 장식물들 중에 고래가 있다. 위 오른쪽 사진 속에서 옆으로 길쭉하게 누운 이상한 모양의 장식이 바로 고래다. 당시 고래는 토우로 만들어질 정도로 흔했다고 볼 수 있다.

  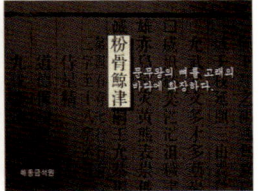

문무왕비석의 '津' 이라는 글자

위 사진은 1961년 경주에서 발굴된 문무왕의 비석인데 비석의 일부는 깨어졌지만 우리는 비석에서 '津(진: 나루)' 이라는 글자를 확인할 수 있다. 비석에는 '津' 이라는 글자만 남았지만 우리 역사 속의 비문들을 집대성한 '해동금석원(海東金石苑)' 이라는 책에는 이 비석에 적힌 글들이 온전히 전해져 온다.

거기엔 '분골경진(粉骨鯨津)' 이라고 적혀있다. '문무왕의 뼈를 고래가

사는 깊은 바다에 화장했다'는 뜻인데 당시 동해에 얼마나 고래가 많았
으면 동해를 고래의 바다라고 표현했을까, 그리고 죽어서도 동해고래가
되어 계림을 지키고자 했던 왕의 뜻도 함께 담겨 있다. 이처럼 우리 고서
(古書)에는 바다를 '경해(鯨海)' 즉 고래바다라 했고 어촌의 포구를 '경진(鯨
津)', 즉 고래나루라 했다.

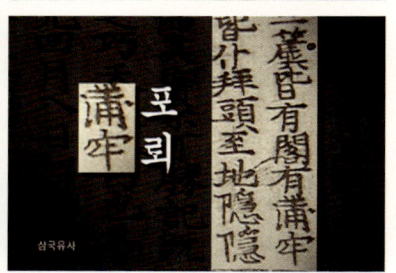

성덕대왕신종과 용뉴의 포뢰 / 삼국유사의 포뢰에 대한 기록

국립경주박물관의 일명 '에밀레종'이라 불리는 성덕대왕신종도 고래
와 관련이 있다. 이 종은 가장 이른 시기에 만들어진 세계최대의 범종으
로 종의 맨 꼭대기에 소리가 위로 퍼져나가도록 음통(音筒)이 있고 그 아
래에 용을 닮은 짐승이 새겨져 있다. 이 용이 종을 매다는 고리역할을 하
기에 통상 '용뉴(龍鈕)'라고도 하는데 용뉴의 용은 엄밀히 말하면 용은 아
니고 바닷속에 산다는 '포뢰(蒲牢)'다.

포뢰는 전설속의 동물로서 명나라 때 전해오는 '용생구자설(龍生九子
設)'에 의하면 '포뢰는 고래를 무서워해서 바닷속에서 고래를 만나면 큰

소리로 운다'고 했다. 그래서 범종이 맑고 청아한 소리를 내기 위해서는 반드시 고래가 필요했다. 성덕대왕신종에서 고래는 과연 어디 있을까?
(*용생구자설(龍生九子說): 용이 되지 못한 아홉 마리 돌연변이 용의 자식들)

그 고래는 바로 종을 칠 때 사용하는 '당목(撞木)'이다. 그래서 범종의 모든 당목은 고래를 상징한다. 종을 치는 당목을 고래모양으로 만드는 이유가 그것이다. 포뢰 모양을 만들어 종 위에 앉히고 고래 모양의 당목으로 종을 치면 고래를 만난 포뢰가 놀라서 큰 소리를 지르는 것처럼 범종이 크고 우렁찬 종소리를 낸다고 믿었던 것이다. 그런 연유로 범종의 소리를 경음(鯨音) 혹은 경후(鯨吼)라 하였다. 범종의 당목을 고래모양으로 만든 것은 중국이나 일본의 종에서는 찾아볼 수 없는 삼국시대부터 전해져 오는 우리만의 독특한 세계관이다.

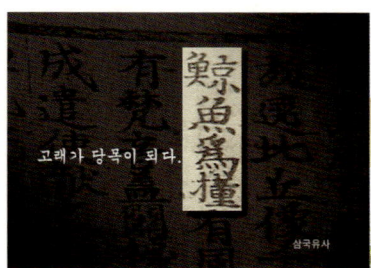

고래가 당목이 된 삼국유사의 기록

고래를 닮은 성덕대왕신종의 당목

사진 속의 성덕대왕신종의 당목을 보면 신기하게도 고래를 닮았다. 천년이 넘도록 성덕대왕신종의 당목은 수없이 바뀌었지만 오늘날 당목은 여전히 고래의 모양을 하고 있다. (*삼국유사 권3 '탑상' 제4 '사불산·굴불산·만불산' 조에는 "아래로 세 개의 자금종을 달아놓았는데 모두 각과 포뢰가 있고 경어(鯨魚)로 당(撞)을 삼았다"며 포뢰 관련 최초의 기록이 남아있다.)

옛 문헌 속의 고래

고래를 뜻하는 한자 '鯨'은 우리 기록에 오래 전부터 등장하지만 '고래' 라는 순우리말이 등장하는 것은 언제부터였을까? 그 최초의 기록은 19세기 실학자 서유구(1764~1845)가 물고기에 대해 적은 책 '난호어목지(蘭湖漁牧志)' 다. (*난호어목지(蘭湖漁牧志)는 1820년경에 펴냄)

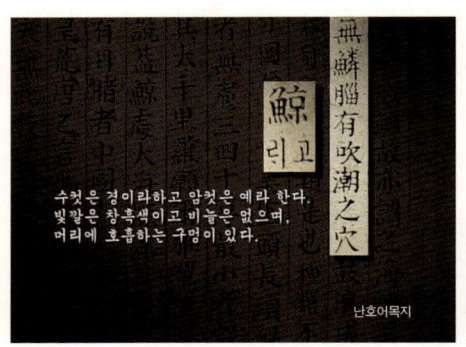

난호어목지의 고리

거기에 '고리' 라는 우리말이 처음으로 등장한다. 그는 고래수컷을 '경(鯨)' 이라 적은 후 그 옆에 다시 한글로 '고리' 라고 표기해 놓았고 고래암컷은 '예(鯢)' 라고 했다. 그리고 '고래 몸의 빛깔은 창흑색이고 비늘은 없으며 머리에 호흡하는 구멍이 있다' 고 기록돼 있다.

그렇다면 '고래' 라는 말은 처음에 어떻게 생기게 됐을까? 정약전의 자산어보에는 고래를 가르켜 '고래(古來)로부터 우리와 함께 있었던 물고기란 뜻으로 고래어(古來魚)라고 했다' 는 기록이 있다. 거기서부터 '고래' 라는 말이 생겼다는 것이다. 그런데 또 다른 주장도 있다. 조선후기 국어 어원을 해석한 연구서인 '동언고략(東言考略)' 에는 고래의 어원에 대해 이렇게 적혀있다. '경(鯨)을 고래라 함은 그 원래 이름이 고뢰(叩牢 叩:두드릴고, 牢:가축 뢰)니, 포뢰(蒲牢)는 해중(海中)의 대수(大獸)이나 오직 경(鯨)이 고(叩)한즉 대명(大鳴)하는 고로 고뢰(叩牢)라 하니라' 이 사실을 볼 때 포뢰를 두드려서 큰 소리를 내도록 한다는 뜻의 고뢰(叩牢)에서 오늘날 '고래' 라는 이름이 유래했다는 것이다.

한자문화권에서 '돌고래(Dolphin)' 는 '해돈(海豚)'이라 한다. 즉 '바다에 사는 돼지' 라는 뜻이다. 여기서 '돌고래' 라는 우리말의 기원을 추정해 볼 수 있는데 돼지의 우리 옛말이 '돗' 이었다. 그 '돗' 과 '고래' 가 합쳐져서 돌고래가 된 것이다. 고래의 영어(英語)이름인 '훼일(whale)' 은 '바퀴(wheel)' 에서 유래했는데 고래가 수면으로 올라와 분기(噴氣)를 하고 잠수하는 모습이 마치 바퀴가 굴러가는 모습으로 보였기 때문이었다.

삼국사기에는 고구려 4대 민중왕(閔中王) 때 '동해인(東海人) 고주리(高朱利)가 고래를 바쳤는데 밤에도 눈에서 빛이 났다' 는 기록이 있다. 밤에 빛이 나는 구슬은 바로 고래 눈인데 사람들은 이 고래 눈을 '명월주(明月

고래 눈 (출처 : Kalim Iliya)

珠)'라고도 했다.

고래의 눈은 수중의 압력을 크게 받아도 유지될 수 있도록 시신경이 모이는 접시모양의 원반 같은 것이 있는데 이 원반이 플라스틱과 유사한 재질로 아주 투명하다. 고래 눈 속의 이 투명한 원반에 고래기름을 부어 등잔으로 불을 켜면 이 원반이 볼록렌즈 역할을 하여 불빛을 몇 배는 더 밝게 할 수 있었다. 조명이 발달하지 못한 당시에 밤을 더욱 밝혀주는 이 고래 눈은 왕에게 바칠 수 있는 최고의 진상품이었을 것이다.

서유구(徐有榘, 1764~1845)가 쓴 백과사전 '임원경제지(林園經濟志)'에는 범고래에 대한 재밌는 기록이 있다. '어호(魚虎, 범고래)는 이빨과 등지느러미가 창이나 칼처럼 날카롭고 수십 마리가 고래를 들이받아 고래 입속

고래를 공격하는 범고래들

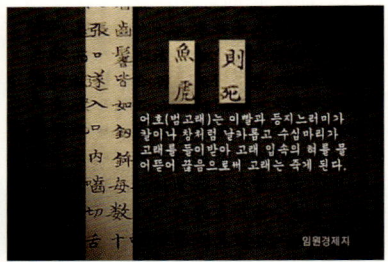
범고래에 대한 임원경제지의 기록

범고래가 새끼 귀신고래의 혀를 공격하는 장면

의 혀를 물어뜯어 끊음으로써 고래는 죽게 된다'.

사실 그렇다. 범고래는 고래를 공격할 때 가장 먼저 공격하는 부위가 바로 고래의 혀다. 조선의 실학자들은 범고래가 고래의 혀를 집중공격 한다는 사실을 정확하게 알았던 것이다. 위 사진은 범고래 무리가 귀신고래를 공격하면서 귀신고래 새끼의 혀를 범고래가 물고 있는 장면이다.

우리는 범고래를 '솔피(率皮)'라고도 했는데 정약용의 시에는 솔피를 '해랑海狼' 즉 바다의 늑대라고도 했다. 떼를 지어 고래를 사냥하는 모습이 영판 늑대무리 같았기 때문이었다. 과거 울산에서 잡은 고래들 중에서 실제로 혓바닥이 떨어져 나간 고래들이 많았다고 한다.

그런데 범고래가 고래의 혀를 공격하는 이유에 대해선 여러 가지 주장이 있다. 첫째, 범고래는 고래의 혀와 간을 제일 좋아하기 때문에 혀부터 공격한다는 것이다. 둘째, 혀에 상처를 입으면 출혈이 심해서 고래가 빨리 죽게 되기 때문이다. 셋째, 혀가 없어지면 고래는 먹을 수가 없어서 결국 죽게 된다는 주장이다. 콕 집어 어느 주장이 맞다기보다는 세 가지 주장이 모두 맞다고도 볼 수 있겠다. 어쨌거나 고래

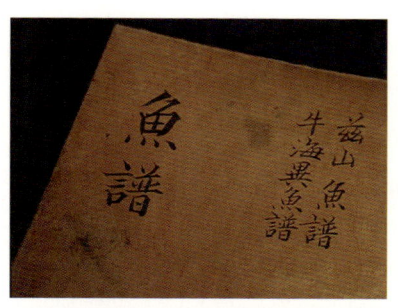

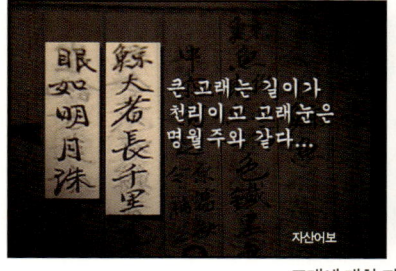

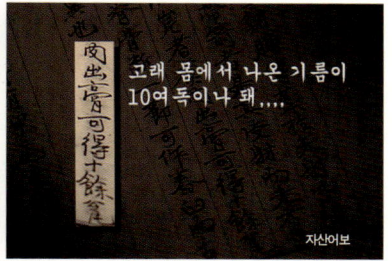

고래에 대한 자산어보의 기록

의 신체 중에 가장 약한 부분이 고래의 혀임에는 틀림없다.

그런데 범고래가 고래의 혀를 먹는다는 사실을 우리는 1800년대에 알았으나 서양의 경우 1900년대

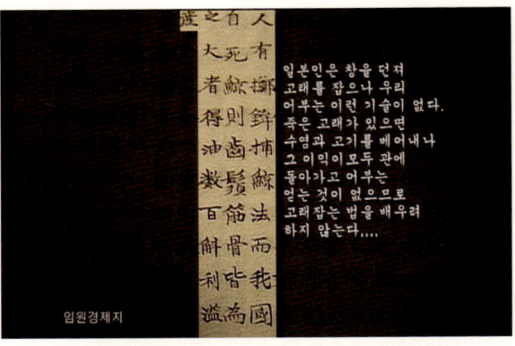

우리가 고래를 잡지 않았던 이유를 적은 임원경제지

이전에는 그런 기록이 없다. 조선중기 이후 우리 실학자들의 고래관찰이 정확했고 고래지식 또한 만만치 않았음을 알 수 있다.

조선후기 실학자 정약전의 책 '자산어보(慈山魚譜)' 에 '큰 고래는 길이가 천리이고 눈은 명월주와 같다' 는 다소 과장된 표현도 보이나 같은 책에 '고래 몸에서 나온 기름이 10개의 독을 채우고도 남았다' 는 기록으로 봐서 당시에도 고래는 얻을 게 많은 소중한 존재였음을 알 수 있다.

하지만 서유구의 임원경제지에는 이런 아픈 기록도 있다. '일본인은 창을 던져 고래를 잡으나 우리 어부는 이런 기술이 없다. 죽은 고래가 있으면 수염과 고기를 베어내나 그 이익이 모두 관(官)에 돌아가고 어부는 얻는 것이 없으므로 고래 잡는 법을 배우려 하지 않는다' 고 했다.

이것은 백성들에 대한 혹독한 착취를 보여주는 조선봉건사회의 실상을 잘 보여준다. 이런 연유로 당시에 죽은 고래가 바닷가로 떠밀려 오기라도 하면 사람들은 좋아라 하는 것이 아니고 죽은 고래를 다시 물로 밀어 넣어 다른 마을로 흘려보냈다고 한다. 죽은 고래가 좌초되면 어민들은 밤낮으로 고래고기를 베어내는 노동착취를 당하고도 고래고기는 한 점도 얻지 못했으니 고래를 다시 물속으로 밀어 넣었던 것이다. 그렇기 때문에 사람들은 고래잡이를 기피하고 또 고래 잡는 법을 알리고 하지 않았던 것이다.

'한반도 연해포경사'를 쓴 부경대학교 박구병 교수는 필자와의 인터뷰에서 이런 얘길 들려주었다. "일본은 17C부터 포경이 시작됐다. 19C 일본의 기록엔 고래종류별로 이름이 상세히 나와 있다. 일본이 고래잡이가 성행한 이유로는 당시 일본이 불교의 영향으로 네발 달린 짐승을 못 먹게 하는 바람에 목축업 대신 고래잡이가 일찍 발달했다고 볼 수 있다. 또 서유구의 책에서 관리들의 가렴주구가 심해서 조선인은 고래잡이를 배우려 하지 않는다고 했는데 사실 우리바다의 경우 어족자원이 풍부해서 굳이 고래를 잡지 않아도 됐다고 보는 견해도 있다."

우리말과 지명 속의 고래

우리 옛말 중에 물에서 몸을 씻거나 헤엄치고 노는 것을 두고 '멱 감는다'고 했다. 멱 감다? 무슨 뜻일까? 혹시 '미역감다'라는 말에서 온 것은 아닐까?

미역을 몸에 감고 있는 귀신고래 (출처 : 미국 오레곤 주립대 해양포유류 연구소)

위 사진을 보면 고래가 몸에 미역을 칭칭 감고 놀고 있지 않은가, 고래가 미역을 먹는 것을 보고 우리나라 사람들이 미역국을 먹게 됐다는 사실로 미루어 본다면 고래가 미역을 감고 물에서 노는 것을 보고 '미역감다' 라는 말이 생겼을 수도 있지 않았을까? 고래와 우리 민족은 예부터 정말 끈끈한 관계를 맺고 살아오지 않았던가,

우리 속담에도 "고래싸움에 새우 등 터진다" 고 했다. 해양생태계에서 고래가 새우를 먹는다는 것을 또 어떻게 알았을까, 우리 민족은 고래와 새우가 먹이사슬 관계에 있다는 것을 알고 세상사를 풍자하는 말로 사용한 것이다.

온돌집의 구들장을 놓을 때, 우리는 구들장 아래 더운 열이 지나가는 자리를 '고래' 라 했다. 이걸 왜 고래라 했을까? 그것은 열이 지나가는 길을 구불구불하게 최대한 길게 함으로써 열기가 방바닥 곳곳을 고루 데우도록 했고 또 구들돌을 데우면서 뜨거운 열이 최대한 방구들 아래에 오래 머물기를 바랬다. 그래서 열이 지나가는 그 긴 터널이 마치 고래의 긴 몸을 닮았다 해서 '고래' 라고 했던 것이다. 불을 때는 아궁이를 고래의 입에 비유하고 마지막에 열이 빠져나가는 굴뚝을 고래의 꼬리로 생각했다. 그래서 '고래가 깊어야 불을 잘 빨아들인다' 는 말이 생긴 것이다.

김해 신어산(神魚山)

김수로왕릉 입구의 쌍어문(雙魚紋)

우리 지명에도 고래가 많다. 경남 김해에 신어산(神魚山)이 있는데 여기서 말하는 '神魚'는 고래다. 김해 수로왕릉 정문에도 두 마리의 물고기가 그려져 있는데 이것은 허황옥 왕비의 고향인 아유타국에서 신성시되는 물고기로, 바로 고래인 것이다.

고래는 김수로왕이 창건했다는 밀양 삼랑진의 만어사(萬魚寺)에도 있다. 김수로왕이 독룡과 나찰녀를 물리치고 만어사를 창건하면서 동해 용왕의 도움을 받았는데 나중에 용왕의 아들과 수많은 물고기들이 돌로 변해 오늘날 만어사의 바위너덜이 됐다는 것이다. 그 용왕의 아들이 변한 거대한 돌은 현재 만어사 미륵전의 미륵불이 됐는데 그 미륵불은 누가 봐도 고래모양을 하고 있다.

예부터 바닥이 깊고 물길이 좋은 기름진 논을 '고래실' 이라 했

바위들이 물고기를 닮은 만어사의 돌너덜

04 고래와 한반도　**153**

고래를 닮은 만어사의 미륵불

는데 울산 북구 어물동에도 고래실이 있다. 이곳에는 예부터 '물청정 고래실'이라는 설화가 전해지는데 그 내용은 다음과 같다. 어물동 아래 주전마을에는 한 어부가 고기를 잡기 위해 바다로 나갔다. 그런데 고래가 이 어부와 배를 삼켜버렸다. 고래뱃속에 갇힌 어부는 살기 위해 발버둥을 쳤는데 다행히 배(舟)에 칼이 있어 칼로 고래의 배를 째고 탈출했다고 한다. 그 와중에 칼에 베인 고래는 죽고 말았는데 마을주민들이 죽은 고래를 끌고 와서 고래를 팔아 논을 샀고 그 논이 바로 지금 어물동 황토전 마을 아래의 고래실이라는 기름진 논이 되었다는 것이다. 이 고래실은 가뭄에도 물 걱정 없는 일등 호답(好畓)이라고 한다. 현재 이 논의 넓이는 세 마지기로 600평 정도이다.

경북 영덕에 있는 고래불 해안은 동해안에서 가장 긴 모래 해안으로 그 길이가 4.6km에 달한다. '고래불'은 고려 말의 학자 이색이 동해바다에서 고래가 노는 것을 보고 '고래가 노는 뻘'이라고 해서 붙여진 이름이다. 고래불 해안의 모래는 강을 따라 운반된 암석들이 동해의 파도에 의해 오랜 세월 깎이고 마모되면서 만들어졌는데, 특히 이 모래는 주로 석영과 장석으로 이루어져 있어 밝은 빛을 띤다.

부산의 다대포 앞바다에는 고래섬이 있다. 생긴 모양이 정말 고래를 닮았다하여 붙은 이름이다. 고래섬은 작은 무인도로 사방이 바위절벽으로 둘러싸여 있는데 만조 시에는 고래가 물속으로 잠수하듯 섬의 대부분이 물에 잠기고 꼭대기 부분만 물 밖으로 드러날 뿐이다.

경북 영덕의 고래불 해수욕장

부산 다대포 앞바다의 고래섬 (출처 : 부산역사문화대전)

고래와 실크로드

아시아와 유럽을 이어주던 실크로드, 그런데 이 실크로드를 통해 고래기름이 오고갔다면 믿으시겠는가?

13세기, 그 영토가 유라시아에 걸쳐있던 세계최대 제국은 칭기즈칸의 원나라였다. 그런데 우리 역사서 '고려사(高麗史)' 에 보면 '계유년(癸酉年, 1274년)에 원나라의 관리 '다루가치' 가 경상도에서 고래기름을 구해갔다' 는 기록이 있다. 또 만주족의 기원을 적은 책 '만주원류고(滿洲源流考)' 에는 '남쪽경계는 장백산(長白山)이요 북으로는 경해(鯨海)에 이른다' 고 했다.(南鎭長白之山 北浸鯨川之海) 우리 동해에 얼마나 고래가 많았으면 '경해(鯨海)' 라고 표현했을까? 그런데 원나라는 왜 우리바다에서 고래기름을 가져갔을까?

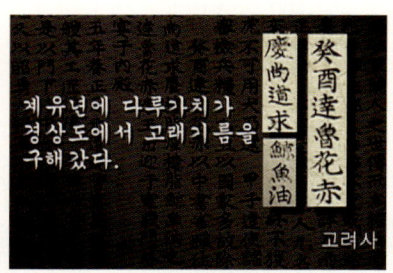

원나라가 고래기름을 구해갔다는 고려사의 기록

결론부터 말하면 그들이 수많은 정복전쟁에 소요되는 병장기(兵仗器)를 만들기 위해 철을 녹일 때 고래기름이 필요했던 것이다. 원나라가 수많은 나라와 전쟁을 치루면서 얼마나 많은 창과 칼이 필요했겠는가?

철은 1,500도에서 녹는데 나무만 가지고 아무리 불을 때도 1,500도까지 온도를 높이기가 쉽지 않다. 뭔가가 더 필요한 것이다. 오늘날에도 제철소에선 철광석을 녹여 쇳물을 빼낼 때 탄소함량이 높은 '코크스(Koks)' 라는 연료를 사용한다. 그러면 보다 짧은 시간에 불의 온도를 높일 수 있는 것이다.

당시에 '코크스'의 역할을 했던 것은 무엇일까? 17세기 중국 명나라말의 사상가이자 과학자였던 '방이지(方以智)'가 쓴 백과사전 '물리소식(物理小識)'이라는 책에 이런 기록이 있다. '쇠를 녹일 때 매연재(煤煉材)로 초탄(礁炭)을 사용했는데 이 초탄으로 제련을 하면 5일 동안 불이 꺼지지 않고 사람의 노력을 줄일 수 있다.'

방이지의 책, 물리소식(物理小識)

초탄(礁炭)

이 초탄이 과연 무엇일까? 그런데 이 책에서 초탄제조법에 대해 다음과 같이 밝히고 있다. '초탄(礁炭)'을 만들기 위해서는 '취매(臭煤)'를 태워 녹이다가 흙으로 덮어 돌이 되도록 했다.(臭者燒鎔而閉之成石)' 여기 등장하는 '취매(臭煤)', 즉 냄새가 나는 그 무엇이 과연 무엇일까? 기름에서 냄새가 난다는 걸로 봐서 그 취매는 고래기름이 아니었을까 추정할 수 있다.

그런데 우리 옛 기록에도 초탄제작과 관련된 내용이 있어 흥미롭다.

04 고래와 한반도 157

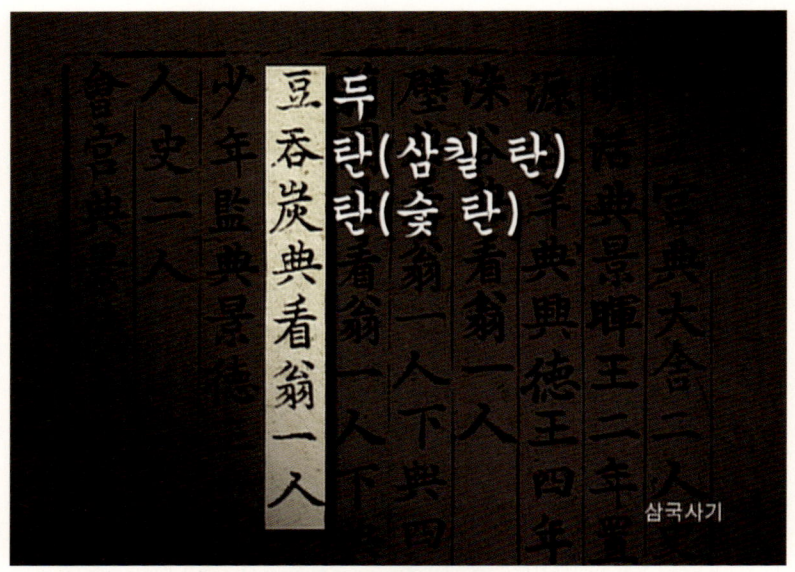

두탄탄에 대한 삼국사기의 기록

　삼국사기에 보면 제련용 숯을 만드는 '두탄탄(豆呑炭)'이라는 관직이름과 함께 그 직책에 최고의 숙련된 기술자를 뜻하는 '간옹(看翁)'을 임명했다(豆呑炭典看翁一人)는 기록이 나온다.

　'呑炭(탄탄, 삼킬 탄(呑), 숯 탄(炭))'이라는 말은 '숯(炭)을 삼킨다'는 뜻으로 숯을 삼키는 것은 대체 무슨 말일까? 그것은 숯의 화력을 높일 수 있는 기름의 일종이라고 볼 수 있다. 당시 동백나무의 씨앗이나 차(茶)씨 등을 통해 기름을 얻었을 수 있었겠지만 그 양은 많지 않았다. 철을 녹이기 위해서 대량으로 기름을 사용했다면 그것은 고래기름이 유일했다고 볼 수 있다. 결국 고래기름과 숯을 섞어서 초탄을 만들었고 그 초탄을 만드는 작업을 위해 간옹(看翁)이라는 최고의 숙련된 기술자를 임명했다는 내용인 것이다.

　더군다나 신라의 수도 경주와 가까운 울산의 달천(達川)은 삼한시대부터 철을 캤던 철장(鐵場)이 있는 곳이고 삼국지 위서 동이전에 의하면 이

고래의 분기가 무지개가 되다. (출처 : Tom Curran)

철을 중국과 일본으로 수출했다는 기록으로 보아(國出鐵 韓 濊 倭 皆從取之) 신라는 달천의 철을 녹이기 위해 고래기름으로 초탄을 만들었고 이 초탄을 통해서 고품질의 철을 생산했던 것이다.

징기스칸의 나라인 원나라는 당시 세계 최대의 제국이었고 그들은 철을 녹여 무수히 많은 창과 칼을 만들었다. 그리고 그 많은 철을 녹이기 위해 그들에게 꼭 필요했던 것, 그것은 바로 고래기름이었던 것이다.

그렇다면 그 많은 고래기름이 이동했던 경로는 어디였을까? 그 길이 바로 오늘날 우리가 알고 있는 실크로드였다. 실크로드는 비단만이 건너갔던 길이 아니라 우리바다의 고래기름도 건너갔던 길이다. 그래서 우리는 실크로드를 '무지개로드'라고도 부를 수 있다.

왜 무지개로드일까? 고래가 숨을 쉴 때면 하늘 높이 물을 뿜는데 그 분기(噴氣)가 햇빛에 비치면 무지개가 되는 것이다. 무지개의 몽골말은 '솔롱고', 오래 전 한반도에서 고래기름을 구해갔던 몽골사람들은 오늘날에도 우리 한반도를 '솔롱고스(Солонгос)' 라 부른다. 바다에 헤엄치는 고래가 만들어내는 무지개의 나라, 그곳이 바로 몽골사람들이 기억하는 한반도인 것이다.

🎙 고래와 인류문명의 관련성을 연구하고 있는 좌계학당 김영래 교수는 필자와의 인터뷰에서 이렇게 말했다.

"나무를 600~700도 온도로 태우다가 흙을 덮으면 숯이 된다. 숯 중에서 최고로 치는 백탄(白炭)의 경우

좌계학당 김영래 교수

는 1,000도까지 온도를 올려서 태우다가 진흙을 덮어 급속히 산소를 차단하면 탄화 정도가 심해 딱딱해진다. 그래서 백탄을 두드리면 쇳소리가 나는 것이다. 대장장이 출신인 신라의 석탈해가 고래와 관련된 인물이다. 그가 신라로 입성하면서 넘었다는 경주의 토함산 또한 고래와 관련이 있는데 고래가 공기를 들이마시고 내뱉는다는 뜻을 지닌 산이 바로 토함(吐含山)인 것이다. 석탈해는 초탄과 제철의 관계를 알고 들어왔다. 신라가 삼국통일을 이룬 제철강국이 될 수 있었던 것도 초탄제조법을 세계최초로 가지고 있었기 때문이었다."

2005년, 국제포경위원회
울산 개최 기념 우표

1992년 북한의 고래 우표

2024년의
귀신고래 우표

한국-멕시코 수교 50주년 기념
귀신고래 우표

앤드류스와 필자

물고기를 닮은 만어사의 돌

신라의 토기에도 거북이와 물범 등 바다동물 장식물이 많다.

울산 중구 입화산 아래 길촌마을 입구에 있는 귀신고래 바위,
물 위로 머리를 내민 귀신고래를 빼다 박은 듯 닮았다.

5편

암각화의 고래

05

암각화의 고래

대곡리(大谷里) 이야기

　서울시 가운데로 한강이 흐르듯이 울산시에도 시가지 한가운데로 태화강이 흐른다. 태화강의 발원지는 하류에서 40여km 떨어진 백운산 깊은 계곡이다. 백운산의 삼강봉은 세 개의 강이 시작되는 곳이기도 하다. 빗방울이 어디 떨어지느냐에 따라 흘러가는 방향이 완전히 달라지는데 울산 쪽에 떨어지면 태화강이 되어 흐르고, 경주방면으로 떨어지면 경주, 포항 쪽으로 흘러 형산강이 된다. 그리고 청도 쪽이면 동창천을 따라 흘러 밀양강이 되고 밀양, 삼랑진을 지나 낙동강에 합류하는 것이다. 이곳 백운산의 울주군 두서면 기슭에 작은 샘이 하나 있는데 이름 하여 탑골샘이다. 2000년 초에 울산시가 이곳을 태화강 발원지로 정했다.

백운산 삼강봉

반구대가 있는 한실 항공 촬영

이곳에서 시작된 태화강은 미호천을 따라 흘러내려 중류쯤에 해당하는 두동면에서부터 강물은 깊은 골짜기를 이룬다. 이 골짜기가 말 그대로 큰 계곡을 뜻하는 '대곡(大谷)'인데 옛사람들은 대곡의 순우리말인 '한실'이라 불렀다.

1970년, 이 골짜기에서 선사인들이 바위에 그린 암각화가 발견되었다. 그것이 바로 '울주 천전리 명문과 암각화(川前里 刻石)'이다. 이듬해인 1971년엔 그 아래쪽에서 또 다른 바위그림이 발견됐는데 그것이 '반구대 암각화(盤龜臺 岩刻畵)'다. 그런데 천전리 암각화와 반구대 암각화는 직선거리로 1km 정도로 그리 멀지않은 거리에 있지만 두 암각화의 그림이 판이하게 다르다는 사실이 더 놀랍다.

울주 천전리 명문과 암각화

반구대 암각화

천전리 명문과 암각화는 청동기시대의 문양이 많아서 발견과 함께 청동기시대의 것으로 추정했다. 반구대 암각화 또한 단단한 금속으로 새겼다는 판단에 발견 당시엔 청동기시대의 것으로 보았다. 그런데 천전리 명문과 암각화는 1973년에 국보로 지정됐지만 반구대 암각화는 그보다 20년도 훨씬 지난 1995년에 국보로 지정됐다. 왜 그랬을까?

그 이유는 이렇다. 천전리 명문과 암각화에는 선사시대의 각종 문양과 함께 신라시대에 바위에 새긴 글(銘文)이 남아 있는데 그 글을 조사해보니 거기에 등장하는 관직이름이나 사람이름이 삼국유사나 삼국사기의 내용과 일치하지 않는가, 그래서 이 바위 글은 신라시대 때 새겼다는

신라시대에 새긴 명문(銘文)

사실이 확실했기에 당시 '천전리 각석(川前里 刻石)'이란 이름으로 국보로 지정된 것이다.

그러면 반구대 암각화는 왜 국보지정이 늦었을까? 그것은 반구대 그림이 과연 선사시대에 새긴 그림이 맞는지 당시로선 100% 확신이 없었기 때문이었다. 쉽게 말하면 우리나라 다른 지역에 이와 비슷한 그림이 없었기에 반구대 바위그림이 과연 선사시대에 새긴 것이 맞는지 아닌지 비교할 대상이 없었던 것이다.

그러다가 해외에서 암각화를 연구한 이들도 생기고 다른 나라의 암각화와 비교하는 연구가 깊어지면서 1995년에 가서야 국보로 지정을 받았다. 그런데 국보로 지정된 후에도 우리 역사학계는 반구대 암각화를 청동기시대의 유적으로 봤다. 그것은 반구대 암각화의 내용이 사냥과 어로, 채집활동 등 신석기시대 생활상을 담고 있기는 하지만 고래잡이 그림을 봤을 때 신석기시대에 과연 전문적인 고래잡이가 가능했을까 라는 의문이 제기되면서 결국 청동기시대의 그림으로 결론을 내리게 된 것이었다.

하지만 당시 부산의 동삼동 패총을 연구하던 국립부산박물관의 하인수 연구관은, 기원전 6,000년에서 기원전 2,000년까지 4,000년에 걸쳐있는 패총유적에서 고래 뼈가 발견되고 특히 고래를 잡는 대형 골각제인 결합낚시까지 신석기 유적에서 출토되기 때문에 신석기시대에도 전문적인 고래잡이가 가능했다는 주장을 펼쳤다.

필자가 암각화 다큐멘터리를 제작할 때인 2015년에도 반구대 암각화는 BC 300년 전 청동기시대 유적이라고 방송했을 정도였다. 그런데 2015년에 신석기 유적인 울산 세죽 패총에서 작살 박힌 고래 뼈가 나오고 2020년에 같은 신석기 유적인 부산 동삼동 패총의 유물에서 반구대와 똑같은 사슴그림이 발견되면서 그제야 반구대 암각화는 BC 300년이

동삼동 패총에서 나온 사슴그림 토기편과 반구대 암각화의 사슴그림

아닌 7,000년 전 신석기시대 유적으로 정정되었다.

　사슴그림이 있는 토기조각은 1999년 동삼동 패총에서 나왔지만 지난 2004년에 흙이 두껍게 덮여 있는 유물을 세척하는 과정에서 뒤늦게 사슴그림이 확인됐다. 당시 하인수 학예연구관은 동삼동 사슴그림과 반구대의 사슴그림은 앞다리를 몸체 끝부분에서 삐치는 것이나 몸체를 사다리꼴로 표현하는 것까지 반추상적인 양식이 거의 일치하고 있어 같은 시대에 제작된 것으로 봐야 한다고 주장했다.

　회화양식은 시대별로 통일돼 있다. 그래서 회화양식을 통해 그 제작연대를 추정한다는 대명제가 지구상 선사인의 바위그림을 시대별로 구분하는 키가 된다. 동삼동패총에서 나온 토기조각은 가로 13cm, 세로 8cm 크기로 표면은 적갈색이다. 이 토기의 겉면에 날카로운 도구로 두 마리의 사슴을 그려놓았다. 신석기시대엔 빗살무늬토기처럼 장식적 효과를 위해 기하학적 무늬를 주로 그렸는데 토기에 동물을 그린 것은 이 토기가 처음이었다. 하인수 연구관은 하나의 동물을 표현하는 양식을 비교해 봤을 때, 이 토기그림과 반구대그림이 거의 동일하다면서 고고학이 아닌 미술사적인 시각으로 접근해야한다고 했다. 반구대가 신성한 장소였음을 감안하면 사슴그림보다 반구대의 제작연대가 더 앞설 수도 있다고 했다.

울주 천전리 명문과 암각화와 반구대 암각화는 '대곡천의 암각화' 라는 이름으로 2025년 7월 12일에 유네스코 세계유산에 등재되었다. 대한민국에서 최초로 등재된 석기시대 세계유산이다.

반구대 암각화

선사인들이 바위절벽에 그린 그림이 먼저일까? 아니면 동굴 속에 그린 그림이 먼저일까? 정답은 동굴 속 그림이 먼저다. 왜냐하면 구석기인들은 동굴 속에서 살았기 때문이다. 그래서 인류가 그린 최초의 바위그림은 동굴 속에 남아 있다. 프랑스 라스코 동굴그림만 해도 대략 15,000년 전에 그린 그림이다.

스페인 알타미라 동굴 그림과 프랑스 라스코 동굴 그림

인류가 차츰 동굴바깥에서 사냥도 하고 짐승도 키우고 하면서 동굴바깥에 집을 짓고 살게 되는데 이때부터 바위나 바위절벽에 그림을 그렸다. 반구대의 바위그림도 그렇게 그려진 것이다.

울산 대곡천 깊숙한 곳, 바다에서는 30km 정도 떨어져 있고 해발 53m의 물가에 높이 솟은 바위 하나, 이 바위에 선사시대의 그림이 있는데 바로 반구대 암각화다. 그림이 새겨져 있는 바위 면은 좌우넓이 8m정도,

반구대 암각화 전경과 바위에 새겨진 그림들

높이는 3m가량이다. 해가 갈수록 안보이던 그림들이 자꾸 발견되면서 그림의 숫자는 2000년 초 200여 점에서 지금은 발견된 그림이 모두 300점이 넘는다. 이 중에 60여 점의 고래를 포함해 바다생물이 90여 점, 호랑이, 표범, 여우 등 육식 동물이 29점, 사슴을 비롯한 초식 동물이 65점, 16점에 이르는 사람그림, 그리고 정체가 확인되지 않는 바위그림도 100여 점에 이른다. 그러나 반구대 바위면의 가장 넓은 면적을 차지하는 주인공은 단연코 고래다. 반구대 암각화에는 혹등고래, 범고래 등 우리 해안에 나타나는 10여 종의 고래들이 모두 그려져 있다.

    선사인들은 반구대 바위그림에 왜 이렇게 많은 동물그림을 그렸을까? 그동안 선사시대 암각화 연구로 알아낸 것은, 당시 선사인들은 자신들의 일상과 밀접한 대상을 그렸는데 그 주된 대상으로 첫째는 그들의 생존과 직결되는 사냥감이고 둘째는 신비로운 힘을 지닌 주술의 대상이라는 사실이다. 그런 의미에서 보면 반구대 암각화의 고래그림이나 호랑이와 표범, 사슴과 멧돼지 그림들은 사냥감으로 그려지기도 했고 덩치 큰 고래나 호랑이 그림이 암각화의 가운데 자리를 차지하고 있는 걸 보면 동시에 신앙의 대상이기도 했다.

반구대의 고래그림

그런 이유 때문인지 반구대 암각화의 그림이 그려진 자리가 조금은 특이하다. 그림이 있는 바위절벽의 위쪽은 마치 처마처럼 앞으로 툭 튀어나와 어지간히 비가 내려도 그림이 있는 바위 면에는 빗물이 잘 떨어지지 않는다. 암각화의 동물들이 신앙의 대상이었듯 암각화가 있는 바

그림 위에 바위가 툭 튀어나와 처마 역할을 하고 있다.

위절벽 또한 신성한 공간이었음에 틀림없다.

그리고 반구대 동물그림이 다른 나라의 동물그림과 비교해서 유별난 특징이 있는데 그것은 좁은 바위 면에 수많은 종류의 동물을 그렸다는 것과 또 그림을 새긴 기법이 다양하고 채색이 없이 선과 면으로만 그렸지만 동물의 묘사가 치밀하다는 사실이다. 반구대 그림에는 연어가 물 위로 머리를 내민 모습까지도 있다.

물 위로 머리를 내민 연어그림

그리고 그림의 전체적인 구성면에서도 재밌는 특징이 있다. 반구대 암각화를 자세히 보면 바위 가운데쯤 갈라진 틈을 기준으로 왼편엔 대체로 고래나 바다동물 그림이 많고 오른쪽엔 육지동물이 많은 편이다. 바다와 육지 동물을 나눠서 그렸던 것이다.

그런데 이 반구대 암각화와 똑같

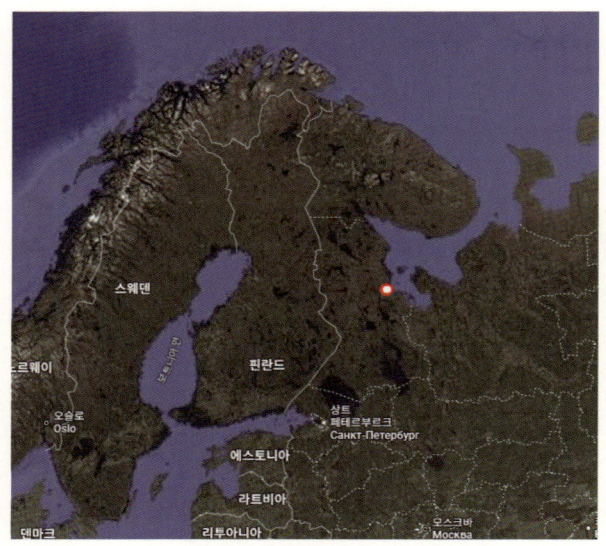
잘라부르가 위치

이 닮은 바위그림이 다른 나라에도 있다. 그것도 지구 반 바퀴나 떨어진 러시아 백해 연안, 벨로모르스크市에 있는 잘라부르가(Zalavurga) 바위그림이다.

잘라부르가 바위그림에도 반구대처럼 고래를 포함한 바다동물과 육지동물 그리고 사람의 모습까지 그려져 있다. 그런데 놀라운 것은 반구대 암각화와는 마치 복사판처럼 흡사하다는 사실이다. 먼저 두 바위그림 모두 그림을 배치한 구도가 비슷하다. 거기다 바다동물과 육지동물을 나눠서 배치한 구성 또한 너무 닮았다.

오른쪽 사진을 보면 반구대 암각화와 잘라부르가 암각화 모두, 왼쪽에 고래그림이 많은 반면 육지동물들은 대부분 오른편에 치우쳐 있다. 그리고 덩치 큰 고래를 큼지막하게 그린 것 또한 닮았다. 잘라부르가 암각화에서 가장 크게 그려진 고래는 지금도 이 지역 바다에서 목격되는 흰 돌고래(벨루가)라고 한다.

잘라부르가 암각화

잘라부르가 암각화 또한 지금부터 최소 6천 년 전의 그림이니 반구대 암각화와 그림을 새긴 시기도 거의 비슷하다. 여기 두 암각화는 직선거리만 무려 7,000km나 떨어져 있는데 어떻게 이렇게 그림이 비슷할까? 두 그림을 그린 주인공들이 혹시 같은 사람은 아닐까?

러시아 과학아카데미 소속의 선사고고학자 나제스타 노바노바 박사는, 두 지역의 바위그림이 비슷하긴 하나 한국의 반구대와는 지리적으로

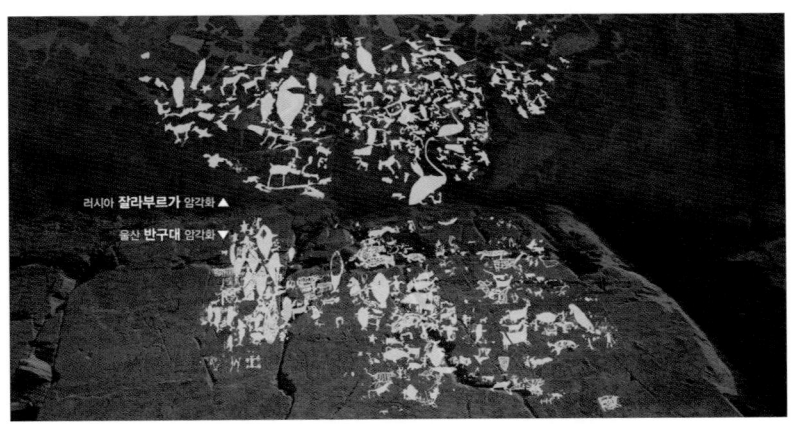

반구대 암각화와 잘라부르가 암각화 비교

05 암각화의 고래

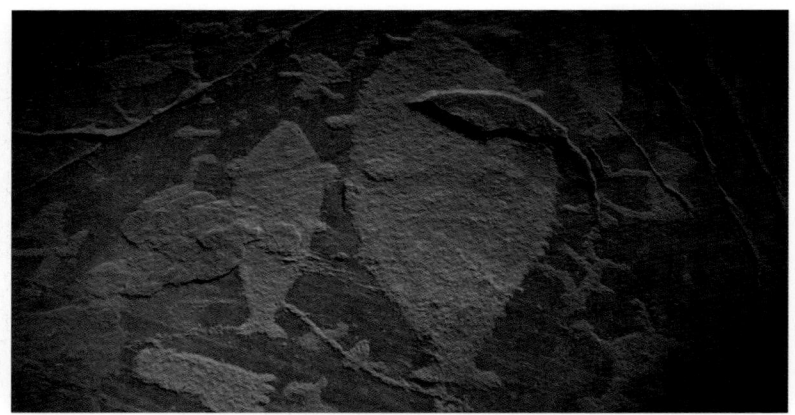

잘라부르가 암각화의 흰 돌고래 그림

너무나 먼 거리이기 때문에 그 옛날에 두 지역 사람들 간에 어떤 교류가 있었다는 가능성은 매우 희박하다고 했다.

　그렇지만 두 그림을 가까이 놓고 비교해보면 마치 한 사람이 새긴 듯 너무나 닮은 모습이다. 지구 반 바퀴나 떨어진 곳에 어떻게 똑같은 바위그림이 있을 수 있을까? 그렇게 먼 거리를 떨어져 있어도 그림을 그린 선사인들의 의식구조는 같았다고 볼 수 있지 않을까? 두 암각화 사이엔 우리가 알지 못하는 선사시대의 어떤 비밀이 있음에 틀림없다고 본다.

해수면 변동에 따른 반구대 그림의 변화

　암각화가 있는 반구대는 산으로 둘러싸인 골짜기다. 이곳에서 바다까지의 거리는 대략 30km정도, 어떻게 이런 곳에 고래그림을 새겼을까? 선사인들이 이곳에서 배를 타고 고래를 잡으러 가기엔 너무 먼 거리가 아닌가.

　정답은 그 당시엔 지금과 지리적 환경이 많이 달랐다는 것이다. 울산

시내의 공사현장에서 파낸 흙을 보면 하얀 조개껍데기가 함께 섞여 있는 걸 쉽게 볼 수 있다. 그리고 그 흙을 현미경으로 관찰해 보면 소금결정과 바다생물인 규조류가 발견된다. 울산의 웬만한 땅은 과거엔 바닷속이었다는 얘기다.

지금부터 2만 년 전인 빙하기에는 바다가 현재의 해수면보다 100m 정도 아래에 있었다. 그러다가 빙하기(氷河期)와 빙하기 사이의 간빙기(間氷期)가 되면 얼음이 점차 녹으면서 해수면이 상승한다. 지질학계에 의하면 6,000년~5,000년 前의 시기를 간빙기로 보는데 그 때 해수면이 가장 높았다고 한다. 그 즈음 울산만은 내륙으로 깊게 들어간 내만(內灣)을 형성했고 현재의 울산 시가지도 그 당시엔 물에 잠겼을 것이다.

그 시기에 한반도의 해면이 현재보다 0.8m 정도 더 높았고 울산만의 대조차(大潮差: 사리 때 밀물과 썰물의 차이)가 0.6m인 점을 감안하면 실제로 울주군 범서면 굴화리보다 더 상류인 곡연리 부근까지 해수의 영향이 미쳤을 것으로 보고 있다.

울산의 공사현장에서 발견 되는 조개 껍데기

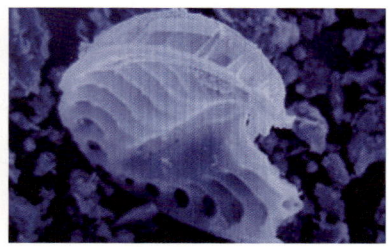

현미경으로 본 규조류

현재의 울산만과 선사시대의 울산만

그 땐 암각화가 있는 반구대까지 물이 차오르지 않았을까, 선사인들은 반구대에서 배를 띄워 고래를 잡으러 나갈 수 있었고 고래잡이가 활발했을 것이다. 울산만이 지금보다 규모가 큰 내만을 형성했다면 고래들도 내만으로 많이 유입되었을 것이고 고래잡이도 상대적으로 쉬웠을 것이다. 이 시기에 선사인들은 반구대 바위에 고래그림을 새겼던 것이다. 현재 반구대 바위에 그려진 고래그림들은 대부분 그 때 그려진 그림들이라고 볼 수 있다.

그러다가 시간이 흐를수록 바다가 점차 물러나기 시작했다. 지금부터 3,000년 전쯤이 되면 울산만에 넓은 충적토가 드러나고 그 이후 본격적인 농사가 시작됐다. 그 후 한반도 최초의 논바닥 유적인 울산의 옥현 유적이 형성됐고 사람들이 점차 정착하기 시작한 곳이 지금의 태화강 상류지역인 굴화리나 곡연리쯤이 될 것이다. 울산 최초의 지명, 굴아화촌(堀阿火村) 또한 그 흔적이라고 할 수 있다.

바다가 멀어지면서 선사인들은 고래잡이도 쉽지 않았고 고래를 사냥하러 가는 횟수도 줄어들었을 것이다. 차츰 그들의 사냥대상이 고래에서 육지동물로 옮겨갔다. 그러면서 반구대의 바위그림에도 고래그림보다는 육지동물이 더 많이 등장하기 시작했다.

사람이 바라볼 때 반구대 좌측에는 고래를 포함한 바다동물이 많고 오른쪽엔 육지동물이 많은 것 또한 바다의 경계가 멀어지는 것과 관련이 깊다. 고래를 포함한 바다동물에서 육지동물로 그림의 소재가 점차 바뀌어 간 것이다.

그림을 새기는 기법도 바뀌어 갔다. 반구대 바위에 그림을 그린 구체적인 기법은 돌망치 등을 톡톡 쳐서 면을 새긴 기법과 석영과 같은 단단한 돌로 표면을 갈아서 새긴 기법, 그리고 끝이 뾰족한 돌이나 금속으로 선을 새긴 기법으로 나뉜다.

그런데 시간의 흐름에 따라 면각(面刻)기법에서 선각(線刻)기법으로 옮겨가는데 반구대에 면각으로 새긴 그림들은 주로 고래그림인 반면 선각으로 그린 그림은 호랑이와 표범, 산돼지 등이다. 고래 등과 같이 면을 새긴 그림들이 먼저 그려졌고 육지동물을 주로 그린 선을 새긴 그림은 그 이후에 그려졌던 것이다.

실제 반구대 암각화의 그림에는 면각으로 새긴 고래그림 위에 후대에 선각으로 표범의 꼬리를 새긴 그림이 있다. 선각으로 육지동물을 그린 것이 훨씬 후대의 일임을 알 수 있다.

또 하나 재밌는 것은 후대에 와서 선각으로 육지동물을 새겨도 앞서

고래그림 위에 그려진 표범그림

그린 고래그림을 침범하거나 큰 훼손 없이 고래그림들을 피해서 육지동물을 그린 것이다. 바다동물을 잡았던 시대의 그림들에 대한 존중이라고나 할까? 이처럼 시간의 흐름에 따라 암각화에서 고래비율이 감소하는 현상은 결국 고래잡이의 무대가 되는 해역의 축소, 즉 바다의 후퇴와 무관하지 않은 것이다.

그런데 간빙기를 한번 지난 지금도 반구대 암각화는 물에 잠긴다. 1965년에 반구대 아래에 사연댐을 만든 이후로 비만 오면 댐의 수위가 높아져 반구대 암각화는 물에 잠긴다. 물이 가득 찰 때, 물이 넘쳐흐르는 댐의 여수로(濾水路)를 낮추면 물에 잠기지 않겠지만 그러면 식수가 또 모자라기 때문에 이러지도 저러지도 못하고 있는 상황이다.

물에 잠긴 반구대 암각화

반구대의 고래그림은 고래의 분류 키(key)

반구대의 귀신고래 그림 (출처 : 백성욱)

2004년에 처음으로 국립수산과학원 내에 고래연구소가 생기고 본격적인 고래연구가 시작됐다. 2006년엔 울산 장생포로 고래연구소가 옮겨오면서 고래연구자들이 자연스레 반구대 암각화의 고래그림을 접하게 되었다. 그동안 고고학자와 미술사학자들이 반구대 바위그림에 대해 많은 해석을 해왔는데 고래연구자들이 반구대의 고래그림을 보고서 내놓은 해석은 조금은 달랐다.

그들이 반구대 고래그림을 보고난 첫 소감은 이랬다. "이 그림은 고래의 분류키(key)를 그린 것입니다. 반구대에 그려진 고래들은 언뜻 보면 다 비슷비슷하게 보일 수도 있겠지만 선사인들은 단단한 바위에 그림을 새겼는데도 고래의 종류별로 고유한 특징만을 골라서 정확히 표시했습니다. 이건 정말 소름끼칠 일입니다." 선사인들의 그림 솜씨가 어떻길래 오

귀신고래의 가슴주름 (출처 : Andrew Peacock)

05 암각화의 고래 **181**

바다 바닥에서 먹이를 찾는 귀신고래 (출처 : Flip Nicklin)

늘날 고래를 연구하는 해양포유류 학자들조차 이렇게 말하는 것일까?

　위 사진처럼 반구대 고래그림 중에 고래가슴에 짧은 선이 서너 줄 정도 그려져 있는 고래가 있다. 이건 무슨 고래일까? 이 고래는 귀신고래다. 왜 귀신고래냐고? 위 오른쪽에 있는 실제 귀신고래의 사진을 보면 가슴 부위에 짧은 주름이 서너 개 정도만 있는 것을 알 수 있다. 반구대 귀신고래 그림은 실제 귀신고래의 가슴주름을 그대로 그려 놓은 것이다. 귀신고래의 회색빛 몸 색깔과 함께 서너 줄의 짧은 가슴주름은 다른 고래와 구별 짓는 귀신고래만의 결정적인 특징이다. 그렇다면 왜 귀신고래는 가슴주름이 서너 줄 뿐일까? 그 이유는 귀신고래의 먹이활동과 관계가 깊다.

　대부분의 고래들은 물속에서 헤엄치는 플랑크톤이나 멸치, 정어리 같은 작은 물고기를 잡아먹는다. 그렇지만 귀신고래는 위 사진처럼 바닷속 흙을 한 입 가득 입에 먹고서는 수염과 혀로 흙은 뱉어내고 흙속에 사는 작은 새우나 갑각류를 걸러서 먹는다.

　이처럼 귀신고래는 흙을 야금야금 먹어서 흙속에서 먹이를 찾기 때문에 물을 먹을 필요가 없다. 이것은 귀신고래가 배를 크게 부풀릴 일이 없다는 뜻이다. 그러다 보니 배의 신축성이 그리 필요하지 않기 때문에 귀신고래 가슴엔 짧은 주름이 서너 줄만 존재하는 것이다.

그런데 반구대에 있는 고래그림 중에 귀신고래와는 정반대로 입에서부터 꼬리까지 배 주름이 아주 길고 또 깊게 패여 있는 고래가 있다. 이 고래는 무슨 고래일까? 이 고래는 혹등고래다. 사진 속의 실제 혹등고래

반구대의 혹등고래 그림 (출처 : 백성욱)

 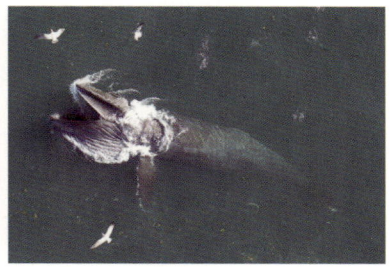

혹등고래의 배주름 (출처 : John Durban, NOAA)

를 보면 깊게 패인, 긴 배 주름이 아주 많이 있음을 알 수 있다. 그렇다면 혹등고래의 배 주름은 왜 이렇게 생겼을까?

혹등고래는 바다에 떼를 지어 다니는 멸치나 청어, 전갱이 등을 먹기 때문에 입을 최대한 크게 벌려서 물과 함께 먹이를 입으로 들여 마신다. 그럴 때 혹등고래의 배가 마치 풍선처럼 부풀려지고 혹등고래의 배 주름은 마치 아코디언 주름처럼 최대한 길쭉하게 늘어나는 것이다. 혹등고래가 보다 많은 물고기를 먹기 위해서는 입을 크게 벌리고 배를 최대한 부풀려서 더 많은 바닷물을 마셔야 하기 때문에 혹등고래의 배 주름은 아주 길고 또 깊게 패여 있는 것이다.

반구대 바위그림을 새긴 선사인들은 완전히 다른 두 고래의 배 주름을 선명히 표현함으로써 누가 봐도 귀신고래와 혹등고래를 명쾌하게 구별할 수 있도록 했던 것이다. 심지어 혹등고래의 경우 주변에 고래의 등을 그린 다른 그림들과 구별하기 위해 아예 고래의 머리를 아래로 향하도록 해서 고래의 배를 선명히 보여주고 있다.

2004년에 국립수산과학원 고래연구소의 학자들이 이 고래그림을 보고 감탄하면서 했던 말이 지금도 귀에 쟁쟁하다. "이 그림은 고래의 분류코드 그대로입니다. 오늘날 저희들도 고래를 종류별로 구별할 때 고래의 배 주름을 다르게 그려서 표현합니다."

7천 년 전 바위그림에 고래의 분류코드가 담겨 있을 줄 누가 알았으랴, 오늘날 사람들조차 종이 위에 펜이나 색깔이 있는 크레용으로 고래를 구별해서 그린다 해도 쉽지 않을 것이다. 그런데 선사인들은 단단한 바위에 선을 새기는 것만으로도 고래를 명쾌히 구분했던 것이다.

북방긴수염고래

북방긴수염고래

위 사진 속의 고래는 북방긴수염고래(이후 북방고래)다. 이 고래의 외형상 특징은 S자로 휘어진 입이다. 그래서 북방고래의 영어이름도 입이 활(bow)처럼 휘어졌다 해서 bowhead whale이다. 반구대 암각화에 북방고래가 있다. 그것도 3마리씩이나,

반구대의 북방긴수염고래 그림 (출처 : 백성욱)

위 사진 속에 나란히 그려진 세 마리의 고래가 북방고래다. 사진 속 맨 오른쪽 고래를 보면 S자로 굽어 있는 입을 선명하게 그림으로써 북방고래의 특징을 그대로 나타낸 것이다. 전 세계에 많은 선사인들의 바위그림이 있고 고래를 그린 그림도 더러 있지만 입이 S자로 휘어져 있는 북방고래를 그린 그림은 반구대가 유일하지 않을까,

먹이 먹는 북방긴수염고래 (출처 : 위키피디아)

 그런데 북방고래의 입은 왜 S자로 굽어 있을까? 그것은 북방고래가 먹이를 먹는 방식이 아주 독특하기 때문이다.
 북방고래 또한 혹등고래나 다른 수염고래들처럼 물속에 떼 지어 다니는 멸치류나 전쟁이 등을 먹는다. 그런데 먹는 방법이 혹등고래와는 다르다. 혹등고래는 헤엄치는 물고기 떼를 발견하면 여러 마리가 입을 크게 벌린 채 물 아래에서 위로 솟구쳐 오르면서 먹이를 입에 가득 담는다. 그런데 북방고래는 먹이를 발견하면 턱을 아래로 툭 떨어뜨린 채 앞으로 전진하면서 물과 함께 먹이를 먹는다. 이렇게 수평으로 움직이면서 보다 많은 먹이를 먹고자 할 때는 턱을 아래로 최대한 떨어뜨려야 입을 크게 벌릴 수 있고 또 많은 먹이를 먹을 수 있는 것이다. 이런 이유로 북방고래의 입모양은 S자로 생긴 것이다.
 선사인들은 이러한 북방고래의 먹이 먹는 방식을 과연 알고 있었을까? 그런데 반구대의 다른 고래그림에서 고래의 입을 그린 것은 찾을 수 없는데 유독 북방고래의 입만 S자로 선명히 표시를 했다는 것은 무슨 의미일까? 북방고래가 먹이를 먹는 독특하고 재밌는 방식을 다른 고래들

포경선 체로키의 포경일지 속 북방고래

과는 뭔가 구별하고자 하는 뜻이 있었기에 북방고래의 입을 아주 선명하게 S자로 표시한 것은 아니었을까 추측해 본다.

위의 사진은 19세기 미국 포경선 체로키의 포경일지 속에 있는 고래 그림이다. 그들은 포경일지에 고래를 잡은 날짜와 장소를 기록하고 고래의 종류와 작살이 꽂힌 부위와 작살의 수 등을 자세히 표시했다. 위 사진 속의 고래는 등에 3개의 작살을 맞았고 또 복부에 1개의 작살을 맞았음을 보여준다. 그들은 이 날 4개의 작살을 던져 고래를 잡은 것이다. 그런데 이 고래의 입모양이 S자로 굽어있다. 반구대에 있는 북방고래의 입 모양과 똑같음을 알 수 있다. 체로키의 선원들이 잡은 고래는 북방고래였던 것이다. 이로써 우리는 19세기 포경선에서 일하던 사람들과 7천 년 전 선사인들이 고래를 구별했던 방식이 거의 동일했다는 사실을 알 수 있다. 7천 년이란 시간의 간격을 뛰어 넘어서 말이다.

반구대에 있는 세 마리의 북방고래 그림은 또 하나 놀라운 자연관찰을 보여주는데 고래의 분기(噴氣)를 보면 하트모양으로 물줄기가 양쪽으로 갈라져 있음을 알 수 있다. 이처럼 고래 중에 분기가 2줄기로 갈라지

반구대 그림 속의 분기와 실제 북방긴수염고래의 분기가 같음을 알 수 있다.

면서 양쪽으로 대칭을 이루는 고래는 북방(남방)긴수염고래와 참고래뿐이다. 7천 년 전 선사인들이 단단한 바위에 그림을 새겼지만 북방고래의 분기를 정확히 표현하고 있다. 그들의 관찰력에 놀라지 않을 수 없다.

선사인의 바위그림은 동영상

필자는 2015년에 다큐멘터리 촬영을 위해 프랑스 라스코 동굴을 찾았다. 아래 그림은 라스코 동굴에 있는 그림인데 사슴이 물을 건너는 모습

프랑스 라스코 동굴의 사슴그림

이다. 지금부터 14,000년 전의 그림이다. 그림을 보면 여러 마리의 사슴이 목을 물 밖으로 내놓은 채 일렬로 서서 물을 건너고 있는 장면이다. 그런데 자세히 보면 사슴들의 머리 동작이 각기 다르다. 언뜻 여러 마리의 사슴인 듯 보이지만 위의 동작을 하나의 프레임에 넣어서 합쳐보면 한 마리의 사슴이 물을 건너면서 머리를 움직이는 동작을 연속으로 그린 것으로도 볼 수 있다.

선사인의 바위그림은 동영상의 시작이 아닐까? 더군다나 선사시대에

프랑스 라스코 동굴의 달리는 말과 소 그림

흔들리는 횃불을 들고 이 그림을 본다면 흔들리는 불빛에 그림들이 마치 살아 움직이는 것처럼 보일 수도 있을 것이다.

위의 그림은 라스코 동굴의 상징과도 같은, 달리는 말과 소 그림이다. 소와 말들이 한쪽 방향으로 달리는 그림인데 이들의 움직임을 보면 연속적인 동작을 표현하고 있다. 특히 아래 부분에 나란히 그려진 검은 소를 보면 한 마리의 연결된 동작을 보여주고 있다. 이 그림들을 흔들리는 횃불 아래서 보게 된다면 이동하는 거대한 동물들의 스펙타클한 영상이 되는 것이다.

다리가 여러 개인 프랑스 동굴 속 염소 그림

프랑스 중부지방의 꾸냐(Cougnac) 동굴에도 불빛을 이용한 재밌는 선사시대 그림이 있다. 사진 속의 그림을 보면 종유석이 흘러내린 바위주름 위에 염소의 머리와 몸통을 그렸다. 그런데 옆에서 불빛을 비춰보면 종유석의 주름에 그림자가 생겨 염소의 다리가 되는데 불빛을 흔들어 보면 마치 염소가 다리를 움직여 잰걸음으로 걸어가는 것처럼 보인다.

오른쪽 사진은 프랑스의 선사시대 동굴에서 발견된 움직이는 사슴 장난감이다. 큰 사슴의 뿔을 둥글게 파내서 앞면에는 서있는 사슴그림을 그렸고 다른 면에는 달리는 사슴그림을 그렸다. 그 가운데 구멍을 내고

 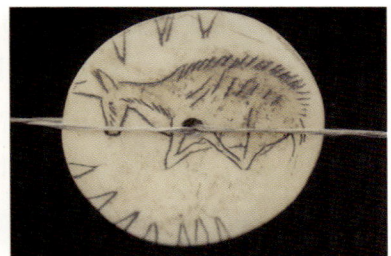

선사시대의 달리는 사슴 장난감

두 줄을 꿴 다음 양손으로 줄을 당겼다 놓았다 하면 원판이 빙글빙글 돌면서 달리는 사슴의 동영상을 보게 되는 것이다. 오늘날 현대인들이 영화를 즐기듯 선사인들 또한 정지그림이 아닌 그림이 움직이는 동영상을 즐겼던 것이다.

반구대에 그려진 연속된 세 마리의 북방고래 또한 동영상의 표현이라 할 수 있다. 세 마리의 고래는 마치 한 마리 고래인 양 몸집이나 꼬리모

 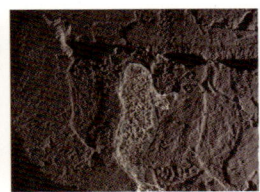 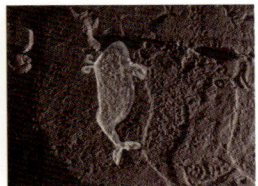

반구대에 있는 세 마리의 북방긴수염고래

양이 똑같다. 그런데 입모양과 분기가 다르다. 맨 오른쪽 고래는 물줄기가 굵은 분기를, 가운데 고래는 분기가 없는 대신 입으로 먹이를 먹고 있고 맨 왼쪽 고래는 분기를 아주 가늘게 표시했다. 한 마리 고래의 연속적인 동작을 보는 듯하지 않은가. 캄캄한 밤에 횃불의 흔들림 속에서 이 그림을 보게 된다면 고래는 꿈틀꿈틀 살아 움직이는 것이다.

반구대 그림은 거대한 해양박물관

곰은 사나운 동물이다. 그런데 곰 중에서 사납지 않은 곰이 있다. 바로 팬더다. 팬더는 몸 색깔도 특이하다. 하얀 바탕에 귀와 눈, 팔과 다리만 검은 색이다. 사람에게 호감을 주는 이 특이한 몸 색깔 때문에 팬더는 전 세계인의 사랑을 듬뿍 받는 동물이 됐다. 그런데 팬더와 비슷한 몸 색깔을 가진 고래가 있다. 바로 범고래다.

팬더와 범고래

범고래는 등과 지느러미, 꼬리는 검은색인 반면 가슴과 배, 눈 주위는 흰색이다. 바다의 팬더라 할 만큼 범고래 몸에 있는 검은 색과 흰 색의 대비는 팬더와 너무 닮았다. (필자만의 생각인가? 그렇지 않은가요?) 그런데 범고래는 귀여운 이미지의 팬더와는 달리 바다의 폭군이다. 영어로는 더 노골적으로 킬러 훼일(killer whale)이다. 범고래 무늬가 흰색과 검은색이

반구대 암각화의 범고래 그림 (출처 : 백성욱)

섞여 있는 것도 물속에서 위장을 잘 하기 위함이라고 한다.

　사진은 반구대 암각화에 있는 범고래 그림이다. 만약 색을 칠하지 않고 '이 고래가 범고래입니다'를 나타내고자 할 때 어떻게 그려야 할까? 조금은 난감해 질것이다. 그런데 선사인들은 바위에 고래를 새기면서 정말 절묘하게 범고래를 그려냈다. 위 사진 속 고래를 보면 고래 몸의 다른 부위는 돌을 쪼아 음각으로 새긴데 반해 가슴과 배 부분은 돌을 쪼아내지 않고 양각으로 그대로 두어 대비가 되도록 했다. 누가 봐도 범고래임을 알 수 있게 한 것이다.

　반구대 암각화를 상징하는 대표그림을 꼽으라면 나는 아래 사진 속의

반구대 암각화의 어미와 새끼고래 그림
(출처 : 백성욱)

새끼를 등에 업은 혹등고래

그림을 꼽을 것이다. 어미고래와 새끼고래를 함께 그린 위의 그림은 반구대 정중앙에, 그것도 가장 크게 그려져 있다. 이 그림을 두고 한때 사람들은 고래가 뱃속에 새끼를 밴 그림이라고 하면서 다산(多産)을 상징한다고도 했다. 그런데 오늘날 고래를 연구하는 해양포유류 학자들은 이 고래그림은 어미고래가 새끼를 등에 업은 장면일 수도 있다고 한다.

필자 또한 멕시코 귀신고래 번식장인 산이그나시오(San Ignacio)라군에서 반구대그림처럼 새끼를 등에 업고 다니는 어미고래들을 무수히 봤다. 갓 태어난 새끼고래는 코를 물밖에 내고 숨을 쉬는 게 익숙하지 않다. 귀신고래의 번식장인 멕시코 라군 지역을 가보면 과거 우리 어머니들이 포대기에 아이를 업고 다니듯 거기에서는 어미고래가 새끼고래를 등에 태우고 다니는 모습을 흔하게 볼 수 있다. 이것은 새끼고래가 물 밖으로 콧구멍을 내밀어서 숨을 잘 쉬도록 하기 위해서다.

이 그림은 또 하나 중요한 사실을 말해준다. 새끼고래를 이 바위에 새겼다는 것은 그 당시에 이곳과 가까운 바다에서 어미와 새끼고래가 함께 다니는 것을 직접 봤다는 것이다. 그렇다면 과거 선사인들이 고래를 잡았던 울산만과 그 주변 바다는 고래의 번식장이었을 가능성이 더욱 더 높은 것이다.

반구대 암각화의 작살 맞은 고래 그림

위 사진 속의 그림은 작살 맞은 고래다. 전 세계 선사시대 바위그림 중에서 고래사냥을 이만큼 극적으로 표현한 그림은 없을 것이다. 고래 등에 꽂힌 작살이 너무 섬뜩해서 마치 고래의 고통이 느껴지는 듯하다. 이 작살그림이 살벌하게 느껴지는 이유는 바로 작살의 미늘 때문이다. 낚시 바늘의 날카로운 미늘마냥 한번 꽂힌 작살이 빠지지 않도록 작살의 미늘까지 세밀하게 그렸다. 그런데 고래작살을 좀 더 확대해 보면 깜짝 놀라게 된다. 작살 끝의 아래 반쪽은 음각으로 새긴 반면 위쪽 반은 돋을새김이 되도록 했다. 왜 그랬을까? 그 이유는 작살 양면의 날 중에서 양각된 부분은 고래의 몸 밖으로 드러난 작살이고 음각된 부분은 고래의 몸속에 박힌 작살을 나타낸 것이다. 이 그림만 봐도 고래가 정말 아프겠구나 하는 생각마저 들 정도다. 이처럼 반구대 고래그림 속의 디테일은 참 놀랍다. 반구대 암각화의 그림은 조금만 자세히 들여다보면 무궁무진한 얘깃거리를 간직하고 있는 것이다.

반구대 암각화에 그려져 있는 부구

반구대 암각화 그림 중에 고래를 사냥하면서 고래와 배의 크기를 가장 실제 크기에 가깝게 그린 것이 바로 위의 그림인데 배의 크기에 비해서 고래의 크기가 어느 정도인지 잘 가늠할 수 있다. 그리고 고래에 꽂힌 작살과 연결된 가느다란 줄도 보인다. 그런데 우리의 눈길을 끄는 것은 긴 줄 가운데쯤에 그려진 둥근 물체이다. 이건 과연 뭘까? 고래연구자들도 이 그림을 보고 이게 과연 무엇인지 선뜻 말을 못한다.

고래연구자들과 수산관련 연구자들이 이 그림을 두고 현재까지 내린 결론은 이 둥근 물체는 바로 '부구(浮具)'이다. 부구란 쉽게 말하면 잡은 고래가 물에 가라앉지 않도록 하는 공기주머니인 것이다. 오늘날 바다 위에 무엇을 띄울 때 사용하는 '부이(buoy)'라고 보면 되겠다. 그런데 여기서 드는 의문은, 지금부터 7천 년 전 선사인들이 정말 부구를 사용했을까? 하는 것이다. 오늘날 고래학자들이나 수산관련 학자들 또한 그 당시에 잡은 고래를 물에 띄우려고 부이를 사용했다는 사실에 대해 반신반의할 정도다. 그렇지만 그림 속의 둥근 물체를 부구가 아니고는 딱히 설명할 길이 없다.

1915년에 촬영된 미국 마카 인디언의 부구

러시아 잘라부르가 암각화의 부구

위 왼쪽 사진 속의 인물은 미국의 워싱턴주에 사는 인디언 마카(Makah)족이다. 그들은 오랜 옛날부터 고래를 잡아 생계를 이어왔다. 그런데 1915년에 촬영된 위 사진 속의 마카족 사람은 손에 둥근 물건을 들고 있다. 뭘까? 이것은 바로 바다표범 가죽으로 만든 부구다. 마카족은 지금도 일 년에 고래 세 마리 정도를 합법적으로 잡고 있고 그것도 전통 방식으로 창을 던져 고래를 잡는다. 사진 속 인물은 부구와 창을 들고 있는 걸로 봐서 과거 마카족의 고래사냥꾼이었음을 알 수 있다. 그리고 그들은 고래를 잡을 때 부구를 사용했던 것이다.

위 오른쪽 사진은 러시아 잘라부르가 암각화에 그려져 있는 그림이다. 잘라부르가 암각화에는 고래그림이 많은데 그 고래그림과 함께 위의 인물그림이 그려져 있는 걸로 봐서 위 그림 속의 인물은 고래사냥꾼이 틀림없다. 그런데 사람 손에 들고 있는 뭔가가 반구대 암각화의 부구 그림과 너무나 닮았다. 러시아 고래연구자들도 그림 속의 둥근 물체는 부구라고 인정하고 있다. 그러고 보면 부구는 선사시대에 고래를 사냥할 때 널리 사용했음을 알 수 있다.

반구대에 있는 고래해체 그림 (출처 : 백성욱)

고래를 해체하는 주태화 씨

반구대에 있는 위의 그림은 배를 하늘로 하고 누운 고래그림이다. 그런데 고래의 몸에 일정한 선이 그어져 있다. 이건 뭘까? 이것은 고래해체 방법을 그려놓은 것이다. 고래를 부위별로 잘라 놓은 그림이라고 보면 되겠다.

한 때 우리나라에서 유일하게 고래해체를 하던 주태화 씨가 이 그림을 본 적이 있다. 그가 이 그림을 처음 보자마자 내뱉은 말, "어? 내가 고래해체작업 하는 거 하고 똑같네" 자신이 고래를 해체할 때도 먼저 목과 갈빗살을 떼내고 그 다음 우네(뱃살)와 등을 쳐내는데 그림 속에 그어진

선이 고래를 해체할 때 칼이 가는 길을 정확히 표시하고 있다는 것이다. 7,000년 전이나 지금이나 잡은 고래를 해체하는 방식은 크게 달라진 게 없다는 사실을 알 수 있다. 그러고 보면 반구대 암각화는, 새끼고래를 키우는 것부터 고래의 먹이활동 또 고래잡이와 고래를 해체하는 그림까지 고래에 대한 모든 것을 담고 있는 셈이다.

반구대 암각화 평가

2001년 여름, 모스크바 국립대학에서 열린 동양학 학술회의에서 러시아 암각화 전문가 루뻬노스 교수는 반구대 암각화에 대해 "한반도는 지형적으로 대륙의 동쪽 끝에 붙은 주머니 역할을 하기 때문에 아시아 대륙의 다양한 문화 양상을 주머니 속에 간직하고 있는 것이다. 특히 반구대 암각화에 새겨진 샤먼(shaman)그림은 시베리아, 몽고, 만주, 한반도로 이어지는 샤먼 루트를 나타내는 것이다."라고 평가했다.

그러고 보면 필자가 촬영을 위해 방문했던 유럽과 아시아의 선사시대 그림에는 꼭 샤먼 그림이 있었다. 라스코 동굴 그림에는 새의 머리를 한 사람과 우리 솟대와 닮은 작대기 위에 앉은 새의 그림이 있었다. 러시아 잘라부르가에는 발이 큰 사람 그림이 있었고 러시아 오네가(Onega) 호수의 암각화에는 선사시대의 샤먼 그림 위에 러시아정교회의 십자가를 덧입혀 새겨 놓기도 했다.

몽골에서 만난 암각화에는 선사시대에 새긴 사슴 그림 위에 산스크리트어로 불경 내용을 써놓기도 했다. 반구대 암각화에도 샤먼으로 추정되는 다양한 사람그림이 등장한다. 선사시대 그림에는 그 지역에서만 서식하는 다양한 동물 그림들도 등장하지만 그 그림들 속에서 하나의 공통점을 찾는다면 바로 샤먼이라고 할 수 있을 것이다. 그런 측면에서 유

라스코 동굴 그림에 등장하는 새의 머리를 한 샤먼과 작대기 위의 새 그림

큰 발을 가진 잘라부르가의 샤먼   샤먼 그림 위에 십자가를 그린 오네가 암각화

야생 아이벡스(ibex) 그림 위에 산스크리트어로 불경을 적은 몽골 바타르 하이르항 암각화

반구대 암각화에 등장하는 샤먼

라시아 대륙의 암각화는 고대신앙의 상징인 샤먼을 통해 하나로 연결된다고도 볼 수 있지 않을까.

국립수산과학원 김장근 박사는 반구대 암각화에 대해 이렇게 말했다. "당시 암각화가 많이 그려졌지만 예술적, 과학적, 해양활동 면에서 이처럼 세밀하게 그려진 그림은 없다. 당대 최고의 해양활동이고 고래잡이다. 반구대는 과학적인 관찰이 특징적인 그림이며 아울러 선인들의 지혜다. 그 지혜가 한반도 역사문화에 면면히 흘러내려오고 있다. 삼국, 고려, 조선을 지나며 고래를 통해 얻은 지혜가 지금 우리 생활 속에 있다." 2004년에 이곳 반구대를 다녀간 영국 BBC방송은 반구대 암각화를 두고 인류가 최초로 고래를 사냥한 흔적이라고 말하기도 했다.

오랜 옛날, 유라시아 대륙을 이동해 왔던 고대인들이 한반도 해안에 이르러 드디어 바다와 처음 만났을 것이다. 육지가 끝나는 대륙의 끝자락에서 바다는 그들에게 새로운 삶의 영역으로 다가왔고 그들은 배를 만

들고 또 작살을 들고 바다로 나가 고래를 사냥하기 시작했던 것이다. 반구대 고래그림은 이 땅 선사인들의 고래잡이에 대한 뛰어난 기술과 지혜 또 바다를 향한 한반도 고대인들의 용기와 도전이기도 하다.

다른 나라의 고래그림

노르웨이 산네피요르드의 고래그림

위 사진은 노르웨이 산네피요르드시(市)의 어느 주택가 바위 위에 그려진 선사시대의 고래그림이다. 이곳에 집을 짓기 위해 땅을 파다가 우연히 발견된 고래그림인데 지금부터 7천 년 전의 그림이라고 한다. 노르웨이에는 이 그림을 포함해서 모두 12곳에 고래그림이 있다.

그림 속의 고래는 지금도 노르웨이 바다에서 흔히 발견되는 쇠돌고래인데 그림에 붉은 안료를 칠해놓은 이유는 그림이 바닥에 그려져 있기 때문에 사람들 눈에 잘 띄라고 붉은 물감을 칠해 놓은 것이다.

반구대의 멧돼지 그림

그런데 여기 고래그림을 보면 고래 몸이 마치 조각난 것처럼 복잡한 무늬가 새겨져 있음을 알 수 있다. 이것은 석기시대 북유럽의 바위그림에서 공통으로 사용된 일정한 패턴의 문양이라고 한다. 이 복잡한 패턴에 대해서 완전한 해석은 힘들지만 유럽 고고학자들은 이 문양이 동물의 입에서부터 심장까지 이어지는 무수한 생명줄을 표현한 것이라고 추측하고 있다.

그런데 신기한 것은 이와 비슷한 그림이 우리 반구대 바위그림에도 있다.

위 사진은 반구대에 있는 멧돼지 그림인데 노르웨이의 고래그림처럼 멧돼지 몸 전체가 잘게 쪼개져 있다. 노르웨이와 울산은 지구 반 바퀴나

단단한 바위가 많은 노르웨이의 자연 지형

떨어져 있지만 그림을 그린 선사인들의 의식은 비슷했던 것일까? 같은 시대에 그려졌음을 말해주는 동일한 표현 양식의 증거라고 할 수 있겠다.

고래그림이 있는 선사인들의 암각화는 주로 노르웨이와 스웨덴 그리고 러시아와 같이 북유럽 일대에 많이 존재한다. 이 일대에 바위그림이 현재까지 잘 남아있는 이유는 북유럽 일대의 단단한 암질(巖質) 때문이다.

노르웨이의 대표적인 지형인 피요르드는 수 만년 동안 빙하가 지나간 흔적이다. 엄청난 압력의 빙하가 오랜 세월동안 지나가도 이곳 바위들은 단단한 화강암이라 바위는 깎이고 마모가 될 뿐 부서지거나 깨어지진 않는다.

그래서 노르웨이의 도로를 달리다보면 도로를 만든다고 산을 깎아도 우리처럼 절개지를 콘크리트로 덮는 경우가 거의 없고 드러난 바위 그대로 둔다. 터널 또한 천정과 벽면을 깎아낸 바위 그대로 두는 경우가 흔한데 그만큼 바위가 단단해서 무너질 염려가 없기 때문이다.

그래선지 이곳 사람들은 사람이 밟고 다니는 바위 위에 수 천 년 전의 고래그림이 있어도 마모나 멸실(滅失)의 걱정은 하지 않는 듯 보였다. 사실 반구대 암각화가 새겨져 있는 바위는 퇴적암이라 아주 약하고 또 무른 편이다. 그래서 반구대 암각화는 오랜 세월 풍화에 마모가 심해서 사실 그림 가까이 가서 봐도 그림이 선명히 보이지 않는다. 그러나 이곳 북유럽의 바위그림들은 새겼을 그 당시의 모습 그대로 아주 선명히 남아있다.

노벨상은 스웨덴에서 주관하는데 유독 노벨평화상만은 노르웨이에서 시상하는 이유도 단단한 노르웨이의 바위와 관련이 깊다. 노르웨이의 단단한 바위 위에 도로와 터널을 만들기 위해 꼭 필요한 것이 다이너마이트였다. 노벨이 발명한 다이나마이트가 가장 먼저 사용된 곳도 노르웨이였고 노벨에게 가장 많은 부(富)를 안겨 준 곳도 바로 노르웨이였다.

단단한 바위 위에 그림이 새겨져 있는 잘라부르가 암각화

 자신이 발명한 다이너마이트가 전쟁에서 살상용으로 사용되는 것을 보고 가슴아파했던 노벨은 도로건설과 도시개발에 다이너마이트를 요긴하게 사용했던 노르웨이를 보고 자신의 발명품이 평화적으로 사용되는 것에 감사한 마음이 있어서였을까, 노벨은 죽기 전에 노벨평화상만은 노르웨이가 시상하도록 그 뜻을 남겼고 그 유지를 따라 오늘날 노벨평화상은 스웨덴이 아닌 노르웨이에서 시상을 하는 이유이기도 하다.

 러시아 북서쪽 백해에 접한 오네가만 인근 벨로모르스크市에는 러시아가 자랑하는 잘라부르가 선사시대 바위그림(Zalavruga Petroglyph)이 있는데 이곳에도 암각화의 가장 중앙에 크게 그려진 그림이 고래다. 이 고래는 앞서도 언급했지만 지금도 이 바다에 살고 있는 흰돌고래(벨루가)다.
 오른쪽 사진은 잘라부르가에 있는 고래사냥 그림으로, 오른쪽에 작살에 맞은 고래가 보이고 고래에 꽂힌 작살에 연결된 긴 줄이 생생하게 그려져 있다. 고래잡이배에 탄 사람을 세어보면 모두 12명, 맨 앞에 작살을

잘라부르가의 고래잡이 그림

던지고 견인줄을 팽팽하게 잡고 있는 사람을 제외하고 나머지 사람들은 열심히 노를 젓고 있음을 알 수 있다. 그런데 노를 젓는 사람들의 포즈가 엉거주춤한 게 조금은 익살스럽게 느껴진다. 사람크기도 큰 사람 작은 사람 다양한 걸로 봐서 이 날 어른, 아이 할 것 없이 모두 고래잡이를 나온 모양이다.

북미 멕시코에도 고래그림이 있다. 캘리포니아 귀신고래들이 번식을 위해서 찾는 고래의 천국, 캘리포니아반도에 고래그림이 없을 수 있겠는가, 세계에서 가장 긴 반도라고 하는 멕시코 캘리포니아반도 한가운데로 흘러내리는 긴 산맥이 산프란시스코(san francisco)산맥이다. 이곳 산프란

산타 테레사 협곡

05 암각화의 고래 　205

당나귀를 타고 협곡 아래로 내려가는 촬영팀

시스코 산맥 속 깊은 협곡이 산타 테레사 협곡(Santa Teresa Canyon)인데 이 협곡 속에 멕시코가 자랑하는 선사인들의 바위그림이 있다.

우리는 이 바위그림을 촬영하기 위해 협곡에서 가장 가까운 산타 테레사 마을에서 당나귀를 타고 3시간 정도를 협곡 아래로 내려가야 했다. 협곡 아래에 도착한 후에도 골짜기의 좁은 길을 따라 몇 개의 높고 낮은 고갯길을 넘어서 또 3시간 정도를 더 가야 했다.

저녁 무렵에서야 산타 테레사 협곡의 가장 안쪽, 선사인들이 살았다는 바위절벽 아래에 도착할 수 있었다. 이곳 절벽바위에 멕시코의 선사 미술을 대표하는 선사인들의 바위그림이 있는데 이 그림들을 그린 부족의 이름을 따서 '과치미스(Guachimis)벽화'라 부른다.

이곳 그림은 모두 350여 점으로 그림이 그려진 바위의 전체 길이만 170m에 이른다. 그런데 이 골짜기를 포함해 인근 산악 곳곳에 선사시대 그림이 11곳이나 더 있다고 한다. 전부 합치면 그림이 1,000여 점이나 된다고 하니 말 그대로 선사인의 야외 전시장이라고 할 만하다.

그림의 스케일도 크다. 가장 큰 그림이 아래위 5m가 넘는 것도 있는데

과치미스 바위그림

위 사진속의 그림은 사슴과 손을 높이 든 사람을 그렸다. 그런데 그림은 우리 반구대 암각화처럼 바위 면을 쪼아서 새긴 게 아니고 천연물감으로 색칠을 한 암벽화다. 이 그림들은 지금부터 3천 5백 년 전에 그렸다고 하는데 당시에 채색한 붉은색, 검은색, 노랑색이 여전히 그림에 선명히 남아있다. 그림 아래엔 바위를 파내서 물감을 담아두었던 천연팔레트도 보인다.

  몇 천 년이 지나도 이곳의 그림들이 여전히 원래의 색채가 지워지지 않은 비결은 당시 원주민들이 직접 만든 천연물감에 있다고 한다. 그들은 광물에서 색의 원료를 추출하고 사막의 풀을 빻아서 낸 즙을 색의 원료와 섞어서 그들만의 독특한 천연물감을 만들었다. 그리고 당시에 칠

그림이 있는 반(半) 동굴

비를 맞지 않는 곳에 그림이 그려져 있다.

한 물감이 색바램이 없이 선명히 남아있는 또 다른 이유로는 이 지역이 건조한 사막지역인데다 우리 반구대 암각화처럼 그림이 그려진 자리가 반(半) 동굴 마냥 움푹 들어간 곳이라 햇빛이나 빗물이 전혀 닿지 않기 때문이기도 하다.

    이 바위그림들은 멕시코를 대표하는 암벽화로서 수도 멕시코시티에 있는 멕시코 국립박물관의 입구 벽면에 커다랗게 그려져 있을 정도다. 물론 울산의 반구대 암각화 또한 우리나라를 대표하는 선사미술로서 용

멕시코 선사인들의 고래그림

산의 국립중앙박물관의 입구 벽면에 커다랗게 그려져 있기도 하다.

그런데 우리 반구대 암각화처럼 멕시코의 이 과치미스 바위그림에 커다란 고래그림이 있다. 사진 속에 붉게 그려진 이 고래그림은 아래 위 길이만 3m가 넘는 대형그림이다. 지금부터 3,500년 전 이곳의 고래사냥꾼들이 그린 것으로 알려져 있다. 이 고래는 지금도 이곳 바다에서 가장 흔하게 보는 귀신고래로 추정되는데 재밌는 것은 고래의 꼬리 부분을 사람의 발모양으로 그려놓았다. 이것은 고래를 초자연적인 존재로 여겨 몸은 고래이나 꼬리대신 발을 그림으로써 고래를 일종의 샤먼(shaman)으로 표현했음을 알 수 있다.

그런데 이 고래그림이 있는 곳에서 바다까지는 직선거리로 20여km, 고래사냥꾼들은 왜 이 깊은 산속에다 고래그림을 그렸을까?

우리를 그곳까지 안내한 멕시코 고고학자 호세 헤수스 박사(Jose Jesus,

archeologist)는 이렇게 말했다. "거기엔 2가지 이유가 있다. 하나는 당시 해수면이 높아서 이 협곡 가까운 곳까지 바닷물이 들어와 바다로의 접근이 쉬웠다는 것이고 또 하나는 이곳에서 바다까지 비록 거리는 멀지만 그 먼 거리를 이동할 만큼 고래는 선사인들에게 없어선 안 될 소중한 존재였다."

우리를 안내해 준 멕시코 고고학자 호세 헤수스 박사

　우리는 촬영을 마치고 사람 사는 도시와 너무나 멀리 떨어져 있는 이곳에서 하룻밤을 보냈다. 그것은 내게 잊지 못할 기억이 되었다. 황량하기 이를 데 없는 산속에 어둠이 내리자 사막의 험악한 바위산들이 무서우리만치 우릴 에워쌌다. 가끔씩 거센 골바람이 계곡을 휩쓸고 지나갈 때면 산들은 울음 우는 듯 괴이한 소리를 냈다. 머리 위로 쏟아질 듯 너무나 환하게 반짝거리는 별들, 그 별빛 속에서 바라본 선사인들의 바위그림은 마치 살아 움직이듯 하나 둘씩 춤을 추며 깨어나는 것만 같았다.

산타 테레사 협곡에 어둠이 내리다.

천전리 명문과 암각화 전경

천전리 명문과 암각화는 선사인들이 신성시했던 제단이 아니었을까?

겨울철 일몰 직전에 30분 정도 반구대 암각화에 햇살이 비친다.
이 때 암각화 그림이 가장 선명히 드러난다.

아침 햇살에 안개가 걷히고 있는 대곡리

몇 년에 한번씩 문화재청에서
반구대 암각화의 3D 촬영을 하는데
이 때가 가까이서 암각화를
촬영할 수 있는 절호의 기회다.

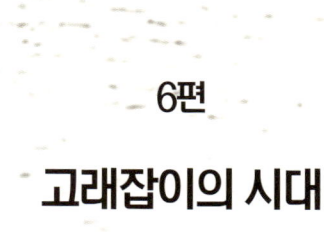

6편
고래잡이의 시대

06

고래잡이의 시대

고래와 인간

　1700년대에 향고래의 머리에서 나온 기름을 냉각하고 또 압축해서 어떤 결정성 물질을 얻었는데 이 물질이 불을 밝히는데 탁월하다는 사실을 알고는 이 물질로 초(燭)를 만들어 사용했다. 이로써 밤을 밝히는 도구로써 촛불이 널리 쓰이게 되었다. 특히 고래기름으로 만든 양초는 냄새가 없고 뜨거운 태양아래서도 녹거나 구부러지지 않았다고 한다. 그래서 고래기름 양초가 인류가 사용한 양초의 표준이 되었다. 특히 향고래의 머리에서 얻은 향유를 냉각.압축해서 만든 양초는 최고급 양초로 간주되어 아주 비싼 값에 팔렸다고 한다.

　역사가 사마천(司馬遷 : BC 145경~85경)의 기록에 의하면 중국 산시성에 있는 진시황릉은 그 내부를 고래기름으로 등불을 밝혔는데 이는 등불이 영원히 탈

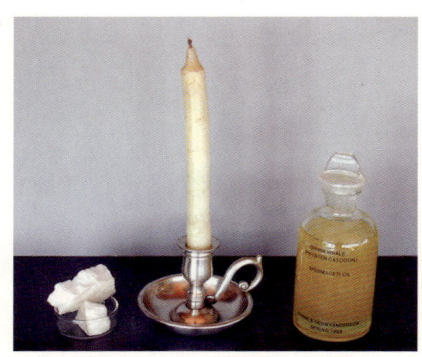
향고래의 향유와 그 향유로 만든 양초
(출처 : 위키피디아)

수 있도록 하기 위함이었다고 한다. 실제 2000년대 초 진시황릉의 발굴현장에서 고래기름을 연료로 사용한 등잔이 발견되기도 했다. 로마의 바티칸에서도 과거 고래기름을 등유로 사용했다고 전해진다.

밤을 밝히는 램프의 연료부터 비누, 왁스 등 고래기름은 쓰이지 않는 데가 없었다. 특히 산업혁명기에 기계를 돌리면서 고래기름과 같은 윤활유가 기계수명을 연장한다는 사실을 발견했다. 이후 기계에 사용되는 윤활유 수요가 폭발적으로 늘면서 고래기름을 얻기 위해 고래잡이의 전성기를 이루었다. 그래서 1800년대 서구열강들은 전세계의 바다를 누비며 고래를 잡았다. 특히 향고래의 머리에서 나오는 기름은 최고의 윤활유였다. 1900년대 초에 석유의 정제과정에서 나오는 오일로 윤활유를 만들어 쓸 때까지 고래기름이 유일한 윤활유였다. 귀신고래는 다른 고래에 비해 기름의 양은 많지 않으나 품질이 좋았고 또 귀신고래의 수염 또한 품질이 대단히 뛰어났다고 한다.

1830년에 영국에서 파라핀이 발명되면서 파라핀 양초가 점차 고래기름 양초를 대신하게 됐다. 1850년대에 석유가 발견되기 전까지는 고래기름이 석유를 대신했다. 우리나라에서 처음 석유가 사용된 것은 1880년이었다. 황현의 매천야록(梅泉野錄)에 보면 고종11년(1880년)에 석유로 등잔불을 밝혔는데 그 색깔이 불그스레하고 냄새가 심하나 한 홉이면 열흘 밤을 밝힐 수 있다고 기록했다.

1859년에 미국의 펜실베니아에서 석유가 발견됐는데 석유 발견 전까지 고래기름은 산업혁명의 필수품이었다. 공장의 기계를 가동시키는 윤활유로, 또 조명용 기름으로 가장 적합했다. 고래수염은 강하면서도 유연성이 뛰어난 천연플라스틱이었다. 그래서 당시 우산살이나 여성용 코르셋 심에 딱 맞았다. 향고래의 장(腸)에서 형성되는 용연향(龍涎香, ambergris)은 향수를 뿌리자마자 향이 날아가는 것을 막는데 쓰였다.

1700년대, 향고래를 사냥하는 그림

고래잡이의 시대

고래잡이는 유럽에서는 9세기 경 바스크족이 처음 시작한 것으로 알려져 있다. 중세 초에 유럽에서 최초로 고래작살을 쓴 민족이 바로 바스크족이었는데 이들의 유물에서 줄이 달린 대형작살이 발견된다. 일본에서의 고래잡이는 12세기경인 가마쿠라시대부터 시작됐다고 보고 있다. 그 당시엔 배를 타고 작살을 던져 대형고래를 잡는 방식이었다. 그것을 구식포경이라고 한다.

포경기술의 일대 혁신은 19세기 중반이후에 시작됐다. 1864년에 노르웨이 사람 스벤 푄(Svend Foyn)이 강철로 된 대형작살을 대포로 쏘는 방식과 또 고래 몸속에서 폭탄이 폭발하는 기술을 개발한 것이다. 또 그 당시 때맞춰 증기동력선이 개발되어 종래의 무동력선인 범선을 대체하면서 항해 능력도 혁신적으로 발전했다. 세계 포경사에 노르웨이식 포경이라

유럽의 고래사냥

일본의 고래사냥

는 근대식 포경시대가 열린 것이다. 이 근대식 포경이 아시아에서 가장 먼저 도입된 곳이 울산 장생포였다.

서구의 포경선들은 처음엔 대서양에서 고래를 잡았는데 19세기 들어 대서양의 고래가 줄어들자 그들은 태평양으로 진출했다. 먼저 미국의 포경선들이 태평양으로 진출하자 유럽의 포경선들도 뒤를 이어 태평양으로 진출했다.

이렇듯 1800년대를 통해서 포경선들은 앞다투어 전 세계의 바다를 누비며 고래를 잡았고 그로 인해 고래자원은 급격하게 줄어들게 된다. 그중에서 가장 큰 피해를 본 고래가 바로 귀신고래였다. 특히 계절별로 같은 바닷길로 회유하는 귀신고래는 주된 타겟이 되었다. 더군다나 미국의 샌프란시스코와 샌디에이고 등 미국의 태평양 연안에 대규모 포경기지가 있었기 때문에 캘리포니아 귀신고래들이 가장 큰 피해를 입었다.

당시 샌프란시스코 포경선 선장 찰스 스캐몬을 비롯한 수많은 고래잡이배들이 캘리포니아 귀신고래 서식지에서 집중적으로 고래를 잡으면서 1858년~1869년 사이에 2만 마리가 넘던 귀신고래는 4,000마리로 감소하고 근대포경이 시작된 지 30여 년 만에 캘리포니아 귀신고래들은 멸종의 위기에 직면했던 것이다.

1912년에 당시 미국 고래학자 '로이 채프먼 앤드류스'가 우리나라까지 오게 된 것도, 캘리포니안 귀신고래가 멸종에 가까울 정도로 줄어들면서 더 이상 고래를 연구할 수 없게 되자 한반도의 장생포까지 오게 됐고 결국 그가 장생포에서 목격한 고래가 캘리포니아 귀신고래와 같은 고래임을 확인하게 됐던 것이다.

　태평양의 고래를 쫓던 그들이 급기야 우리 동해까지 진출해서 고래를 잡았는데 그 배들이 바로 조선후기 실록에 등장하는 '이양선(異樣船)'이다. 당시엔 동력선도 아니고 바람을 타고 움직이는 범선이었는데도 그 먼 유럽에서 우리바다까지 왔다는 사실만 봐도 그 당시에 고래기름이 얼마나 값어치가 있었는지 알 수 있다.

　헌종실록에 의하면 1849년에 함경도 이원지방에 큰 배를 타고 온 서양인 18명이 상륙하여 소나무를 베다가 잡혔다는 기록이 있다. 여기서 큰 배는 '제파스'라는 이름의 미국 포경선인데 18명이 상륙했다는 말은, 선원 6명씩 보트 3척에 나눠 타고 상륙했음을 짐작할 수 있다. 그들은 일주일 쯤 지나 풀려났는데 당시 우리 바다를 지나던 서양의 포경선들이 물과 땔감을 구하기 위해 종종 상륙했다는 사실을 알 수 있다. 당시 우리 해안 주민들과 접촉은 많았지만 큰 충돌은 없었다.

　당시 고래잡이는 서구 열강들에겐 국부의 기반이 되었다. 그와 함께 고래자원 확보를 위해 세계의 바다를 누비며 많은 미지의 섬들을 발견하면서 고래잡이는 해양패권을 확보하는 일이기도 했다.

이양선

보트 한 척에 6명이 타고 고래를 사냥한다.

영화 '모비딕'에서 포경선이 출항한 곳이기도 한 미국 동부해안의 뉴베드포드(New Bedford)는 세계 최대의 포경산업 도시였고 약 1만 명의 장정들이 포경업에 종사하였다. 1857년에 뉴베드포드 항에는 329척의 포경선이 정박하였고 포경산업의 가치는 당시 돈으로 1,200만 달러에 이르렀다. 포경업으로 현재 자본주의의 근간을 이루었다 할 만큼 많은 이익을 거뒀는데 미국 자동차회사 GM사도 뉴베드포드 지역의 포경회사 자금력으로 출발한 기업이다. 19세기에 대서양의 고래자원이 고갈되자 미국 포경선들이 태평양으로 진출하고 뒤를 이어 독일과 프랑스 등 유럽의 포경선들이 태평양에서 본격적인 고래사냥을 하게 된다.

〈한반도 연해포경사〉를 집필한 박구병 교수는 필자와의 인터뷰에서 이렇게 말했다. "당시 우리바다에 왔던 이양선은 삼범선(三帆船, 돛이 3개)이었고 크기는 대체로 300~400톤 정도였다. 범선 종류를 보면 쉽(ship)形은 3개의 돛을 전부 가로로 달지만 바크(barque)形은 앞 돛 2개는 가로로, 맨 뒤의 돛 하나는 세로로 달았다. 각 범선마다 보트는 통상 4척을 보유했고 고래를 발견하면 보트 하나에 6~10명씩 타고 고래를 추격했다. 고래를 잡으면 고기와 뼈를 가마솥에서 삶아 기름을 채취한다. 고래기름을 보관하는 둥근 나무통 하나가 1배럴이었는데 각 범선마다 1,000개가 넘는 배럴을 싣고 다녔다. 배 위에서 기름을 짜고 갑판 아래 선창에

1800년대 뉴베드포드 풍경

쉽(ship)形 범선 　　　　　바크(barque)形 범선

보관했는데 한번 출항하면 만선 때까지 통상 4~5년을 항해했다. 엄청나게 먼 거리를 항해할 정도로 당시 고래기름은 최고의 보물이었다."

독도(獨島)와 포경선

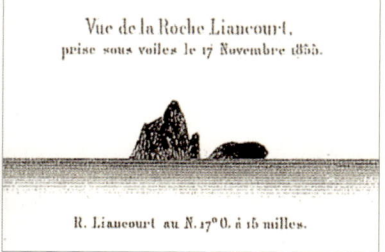

현재의 독도와 프랑스 포경선 리앙꾸르의 항해일지에 그려져 있는 독도

　해도(海圖) 상에 표시되는 독도의 이름은 '리앙꾸르 락(Liancourt Rocks)' 이다. 여기서 '리앙꾸르' 는 독도를 처음 발견한 프랑스 포경선의 이름이다. 1849년 1월 27일에 리앙꾸르호는 우리 동해를 항해하다 독도를 발견한다. 그들은 독도의 위치를 해도(海圖) 위에 표시하고 본국에 이 사실을 알렸다. 당시 그들이 그린 독도그림이 지금도 남아 있다.
　그런데 리앙꾸르보다 우리 독도를 더 빨리 발견한 배가 있었다. 그 배가 바로 미국 포경선 체로키인데 체로키의 항해일지에는 리앙꾸르보다 1년이나 앞선 1848년 4월에 우리 동해바다를 지나다가 바위섬 2개를 발견했다고 기록하고 당시 경도와 위도까지 밝혀놓았다.

 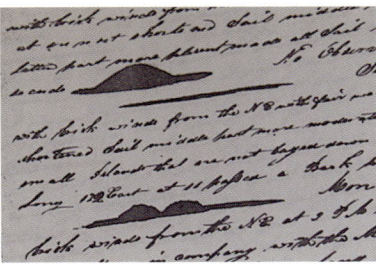

체로키 항해일지와 일지 속에 그림으로 그려놓은 울릉도와 독도

또 그 바위섬의 모양을 항해일지에 그려놓았는데 작은 봉우리 두 개를 그린 그림이 독도의 동도와 서도를 그린 것이다. 그리고 독도 그림과 함께 인근에 큰 섬이 하나 더 있다면서 그 위치와 그림까지 그려놓았는데 체로키는 독도와 가까운 울릉도까지 표시해 놓았다.

체로키의 포경일지에는 잡은 고래를 스탬프로 찍고 고래의 몸에 작살을 맞은 자리까지 세세하게 표시했는데 포경일지에 의하면 일주일 사이에 10마리 넘게 고래를 잡았던 걸로 기록돼 있다.

서양인들은 울릉도를 다즐레섬(Dagelet)이라고 했는데 울릉도의 발견은 고래를 잡기 훨씬 이전이었다. 1785년에 프랑스 국왕 루이(Louis) 16세는 라 뻬루즈(La Pérouse)백작으로 하여금 두 척의 배와 220명의 선원으로 구성된 탐험대를 꾸려 태평양 탐험을 떠나게 했다.

라 뻬루즈(La Pérouse)의 항해지도에 보면 필리핀의 마닐라로부터 북쪽으로 타이완을 거쳐 한국과 일본 사이의 해협을 지나는 경로가 표시돼 있다. 1787년 5월 19일엔 제주도 남단에 접근하였고 이후 남해를 거쳐 5

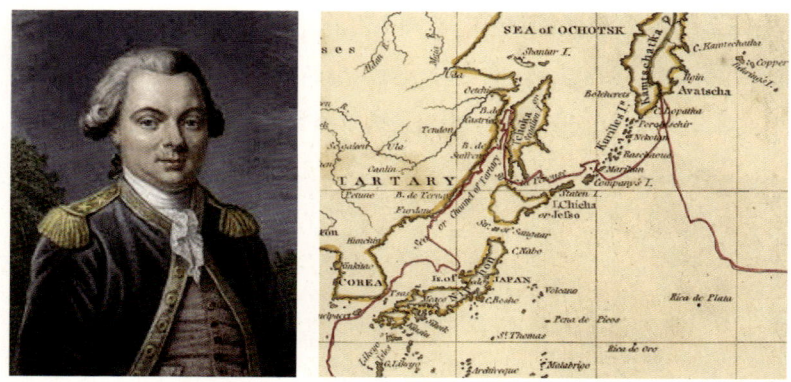

라 뻬루즈(La Pérouse) 백작과 그가 동아시아 해역을 항해한 경로

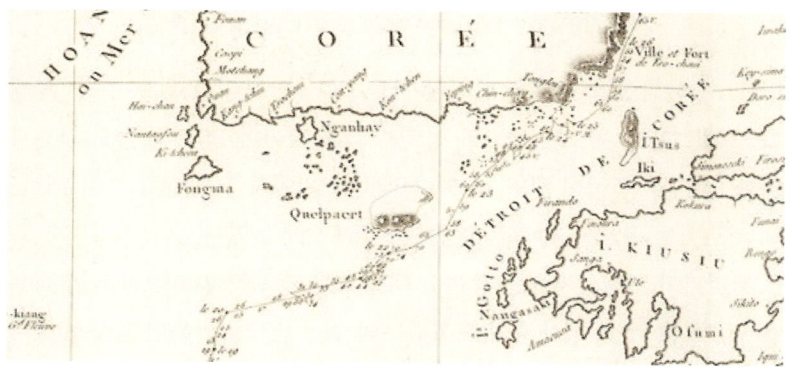

라뻬루즈의 항해지도에 등장하는 대한해협(Le détroit de Corée)

월 25일에 부산 근해를 항해했다. 동해안을 따라 항해하며 5월 29일에 울릉도를 발견하게 된다.

당시 라 뻬루즈의 선단(船團)에 속해 있던 부쏠호(號)(la Boussole)에는 프랑스 육군사관학교 교수 다즐레(Dagelet)가 승선해 있었는데 그가 울릉도를 '발견' 했기 때문에 라 뻬루즈는 우리 울릉도를 '다즐레섬(Isle Dagelet)' 이라고 명명했다.

라 뻬루즈(La Pérouse)는 남해에서 동해로 이동하면서 일일이 수심을 측정하고 기록하였다. 이후 10월 6일까지 사할린과 홋카이도, 캄차카 반도까지 항해했다. 그의 항해지도에는 서양지도 중 최초로 대한해협(Detroit de Cor'ee)이란 명칭이 등장한다. 라 뻬루즈(La Pérouse)의 항해는 시민혁명으로 실각한 루이16세가 처형된 이후까지도 계속되었는데 1793년 1월 처형되던 날 아침에 루이16세가 "라 뻬루즈에 대한 소식이 있습니까?" 라고 물었다는 기록이 있다.

미국 포경선들은 울릉도를 '실(seal)섬' 이라고도 했는데 당시 울릉도에 강치가 많이 살았기 때문이었다.

부산 용당포에 상륙한 미국 포경선

일성록(日省錄)에 이런 기록이 있다. 1853년 1월 29일 정오쯤에 포경선 한 척이 부산 용당포에 입항했다. 우리 동해에서 고래를 잡다가 태풍을 만나 용당포 앞까지 떠밀려 온 것이었다. 조선 조정에서는 예전에 영국 함선이 왔던 것처럼 (정조 21년, 1797년 10월에 부산 용당포에 영국 군함 프로비던스(Providence)호가 나타난 적이 있었음) 배를 조사하기 위해 조선의 관리들이 통역관을 대동하고 포경선에 올랐다. 그러나 대동한 통역관들이 일본어 통역관이어서 미국 선원들과는 말이 전혀 통하지 않았다. 미국 선원들도 답답했는지 조선 관리를 보면서 자신과 선박을 가리키며 "머리계", "머리계" 라는 말만 되풀이하였다.

말이 통하지 않자 조선의 관리는 필담이라도 하려고 선원에게 붓을 건넸다. 그런데 외국 선원이 낯선 붓을 들고 영어를 적는다는 게 어디 쉬운 일일까, 조선 관리는 화선지에 써놓은 알파벳을 보고는 더욱 기가 막힐 뿐이었다. 그림 같기도 하고 글씨 같기도 하고 전혀 알아볼 수가 없었다.

조선의 관리들은 대화가 안 된다고 보고 이번에는 배 안을 살펴보기로 했다. 그런데 배 안의 선원들이 모두가 괴상하게 생겼다고 일성록은 적고 있다. 선원들은 코가 높고 눈은 노랗거나 파란색이었는데 고슴도치처럼 산발한 머리를 한 사람도 있었고 어떤 사람은 문신까지 있었다고 했다. 포경선에는 43명이 타고 있었는데 그 가운데 우리와 너무나 닮은 두 사람이 끼어 있었다. 그들은 일본인으로 약 8개월 전에 같은 마을에 사는 네 사람이 배로 땔나무 장삿길을 나섰다가 조난당했다고 한다. 다행히 지나는 미국 포경선에 구조되어 이 두 사람은 지금의 포경선으로 옮겨 타게 되었다고 했다. 이들은 나중에 용당포에서 하선하여 초량왜관을 거쳐 일본으로 돌아갔다.

이처럼 10여 일 동안 용당포에 머물면서 조선 사람들에게 깊은 인상을 심어준 이 포경선은 훗날 알려지기로 616t급의 포경선 사우스 아메리카(South America)호였다. 그리고 이 배의 선원들이 말한 '머리계'는 'America' 라는 말이었다. 당시 조선 관리들은 'A'가 약하게 발음되니까 잘 듣지 못하고 뒤에 연이어 나오는 'merica'의 'me'에 강세가 있어 '머리

1950년대 부산 용당포 (출처 : 부경근대사료연구소)

계'로 들렸던 것이다. 중국 사람들도 우리와 비슷하게 들렸던지 미국을 '미리견(美利堅)'이라 표기하고, 일본은 '메리켄(米利堅)'이라고 읽기도 한다. 우리가 오늘날 미국(美國)이라고 부르게 된 것도 이와 비슷한 이유다. 이처럼 용당포 앞 해상은 기록상으로 보면 우리나라 사람이 영국인, 미국인과 최초의 만남이 이루어진 역사적인 공간이자 대외정보의 통로였다. 그렇지만 바닷가 주민들이 사사로이 외세와 접촉하는 것을 금한 해금령(海禁令)으로 바다 건너 사람들과의 교류는 더 이상 진전이 없었다.

우리바다의 고래 남획

1849년이 되면 우리 동해바다에서 고래잡이가 피크에 이르는데 그 때 우리 동해바다에서 고래를 잡았던 미국포경선의 숫자만 무려 2백 척을 넘었다. 그들은 고래잡이 시즌인 봄~여름에 걸쳐 주로 긴수염고래를 잡았는데 항해일지에는 매일매일 고래를 발견했다는 사실과 포경선 한 척이 우리 동해에서 고래를 30마리나 잡았다는 기록이 있다. 만약 1척이 한 해에 20마리만 잡았다 해도 200척이 왔으니 일 년에 4,000마리는 족히 잡은 셈이다. 동해라는 좁은 수역에서 이렇게 고래를 잡다보니 동해의 고래자원은 급속히 고갈될 수밖에 없었고 19C말이 되면 동해에서 대형 수염고래가 거의 없어져 버렸다. 고래의 낙원이 하루아침에 아수라장이 돼버렸던 것이다.

박구병 교수에 의하면, 당시 미국 포경선은 긴수염고래를 많이 잡았는데 그 이유는 긴수염고래가 헤엄치는 속도가 느렸고 기름성분이 많아 죽은 후에도 물속으로 가라앉지 않았기 때문이라고 한다. 또 기름이 많아 경제적 효과도 컸다. 고래를 발견하면 6인승 보트를 내려 추격했는데 미국포경선 제퍼스는 청진앞바다에서 하루에만 3마리의 긴수염고래를 잡았다고 한다.

19세기 말이 되어 일본사람들이 우리 동해에 고래를 잡으러 왔을 땐 동해엔 대형 수염고래들은 사라지고 참고래뿐이었다. 참고래는 속도가 빨라 이전의 미국 포경선은 참고래를 잡지 않았다. 19C말 일본포경선 기록엔 동해에 참고래가 떼를 지어 다닌다고 했다. 가장 덩치가 작은 수염고래인 밍크고래는 당시에는 상업포경의 대상이 아니었다. 밍크고래의 무게가 10톤 정도인 반면 참고래는 70~100톤, 대왕고래는 150톤이 넘는다.

조선이 외국에게 문호를 개방한 1876년의 개항 이후에도 외국 포경선들은 우리 바다에서 고래를 잡았다. 물론 조선의 허락을 받지 않았지만 조선의 국력이 바다에까지 미치지 못했다. 이처럼 외국의 포경선들이 우리 바다의 고래를 다 잡아가는 현실을 바라볼 수만은 없어 1883년에 고종 임금은 김옥균을 '동남제도개척사(東南諸島開拓使) 겸 포경사(捕鯨使)'로 임명했다.(日省錄 고종20년) 고래가 뛰노는 우리바다를 지키고자 했던 것이었으나 이듬해인 1884년에 갑신정변이 일어나고 김옥균이 일본으로 망명하면서 우리 손으로 고래를 잡겠다는 꿈은 물거품이 되고 말았다.

광무5년(1891년) 4월 11일 황성신문 사설은 이렇게 주장한다. "외적이 도적처럼 우리의 바다를 탐하니 백성의 피폐가 날로 더하는구나. 포경(捕鯨)으로 인해 거액의 이득을 얻을 수 있는데 포경을 포기하다니 한탄

황성신문 사설

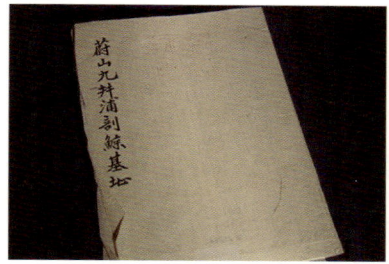
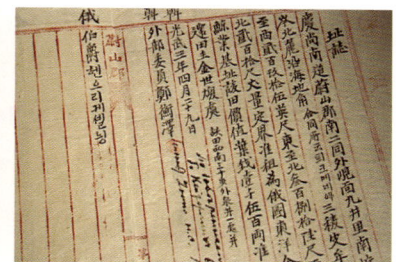

러시아와 맺은 울산포경기지 약정서

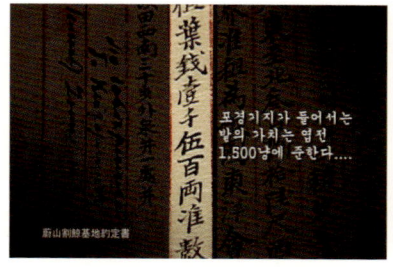
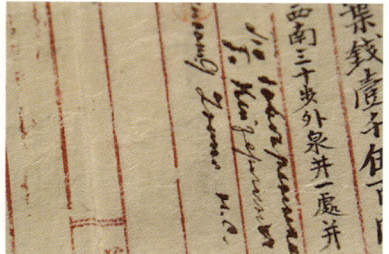

엽전 1,500냥을 받고 땅을 제공한다는 내용   러시아 대표 케슬링 백작의 싸인

스럽다. 관리들이여 경어(鯨魚)를 지켜 백성의 안위를 보(保)하라!"

우리나라에 최초로 포경기지를 건설한 나라는 러시아였다. 1889년(광무3년)에 당시 대한제국과 러시아 간에 체결한 '울산포경기지 약정서'에 보면, 울산 장생포에 러시아가 포경기지를 건설하면서 엽전 1,500냥을 내고 땅을 빌린다는 내용이 있고 약정서 아래엔 당시 러시아 대표였던 헨리 케슬링 백작의 싸인도 보인다. (*약정서에 적힌 구정포(九井浦)는 당시 포구를 따라 아홉 개의 우물이 있었기에 구정포란 지명이 생겼고 해방 후 장생포란 지명으로 바뀌었다.)

약정서에 적힌 엽전 1,500냥은 지금 가치로 따지면 얼마일까? 조선시대 쌀값을 보면 국가가 정한 공식 가격이 쌀 1섬에 5냥이었다. 쌀 1섬의 현재 가격은 30만 원 정도, 30만 원이 5냥이니 1,500냥을 지금 돈으로 환산하면 30만 원×300배=9천만 원 정도다. 당시 쌀값이 지금보다는 비쌌다고 해도 너무 헐값에 땅을 넘긴 건 아닐까 하는 생각을 지울 수 없다.

곧이어 러시아 황태자 니콜라이 2세가 1891년에 울산 장생포에 태평양어업주식회사를 설립하면서 우리바다에서 합법적인 고래잡이가 시작됐다. 당시 러시아포경선은 모두 7척이었는데 기록에 의하면 1899년엔 159마리의 고래를 잡았고 1900년엔 116마리, 1901년엔 114마리의 고래를 잡았다. 그런데 당시 러시아포경선은 고래잡이 외에도 수심측량 등 해양조사도 함께 하면서 제해권 장악을 위한 군사적 성격도 있었다.

1890년대 장생포 러시아 포경기지

1930년대 장생포 포경기지와 포경선들

그런데 우리바다에서 러시아의 포경은 오래가지 못했다. 1904년 러일전쟁에서 러시아가 일본에 대패하면서 러시아 포경선은 일본군함에 의해 나포되고 러시아 포경기지 또한 일본에게로 넘어가고 만다. 1905년부터는 일본 포경회사인 동양어업주식회사가 우리바다에서 주로 고래를 잡았는데 해방될 때까지 일본인들은 우리바다에서 씨를 말리다시피 고래를 잡게 된다. 일제강점기 동안 우리바다에서 고래를 잡았던 일본 어부의 수만 해도 25,000명이나 됐다. 특히 노르웨이식 포경포를 장착한 첫 번째 포경선 호카마루를 필두로 근대식 포경이 시작되면서 우리바다의 고래숫자는 급격히 줄어들었다.

근대식 포경포를 장착한 포경선 호카마루

러일전쟁 이후 해방직전까지 일본인들이 우리바다에서 잡은 고래는 6,578마리, 그 중 참고래가 5,114마리였고 1,306마리는 귀신고래였다. 일본포경선들의 항해일지에 의하면 포경선이 포항의 영일만 안으로 진입해 보니 수백 마리의 귀신고래들이 놀고 있었고 해안에서 30~40마일 떨어진 바다에는 참고래로 가득했다고 한다. 한국바다에서 일본인들의 포경은 식민지 지배의 중요한 부분이었다.

일제강점기였던 1917년에 포경기지였던 장생포의 주민 수는 원주민인 한국인이 498명, 일본인이 407명이었는데 원주민과 일본인 간에 갈등도 많았다고 한다. 포경선의 최하위 직인 화장(火匠, 불을 때는 사람)은 주로 한국인이 맡았는데 당시 화장의 보수가 도시 숙련노동자보다 최소 30% 가량 더 많았다고 한다.

일제강점기의 포경 관련 신문기록들

1913년에 춘천 헌병 대장이었던 일본육군 헌병 소좌 나스 타사부로는 당시 강원도의 사회 경제 상황을 파악한 정보서 '강원도 상황경개'를 발간했다. 거기에 보면 '강원도 통천군 장전항의 동양포경(주)은 울산 장생포, 함남 신포 마양도와 함께 동해 3대 포경기지인데 매년 동해에서 백수 십 마리의 고래를 잡아 일본으로 보낸다. 매년 10월부터 다음해 4월까지 고래를 잡는데 작살이 고래의 몸에 박히면 꼬리를 좌현 뱃머리에 묶는다. 입항할 땐 세 번의 기적소리를 울린다. 고래고기는 냉각실로, **뼈**는 착유장(搾油場)으로, 지방은 해부장(解剖場)으로 각각 옮겨진다. 얼린 고기는 곧바로 일본행 운송선에 실린다.' 고 적고 있다.

1903년 12월 3일의 황성신문에는, 1903년 장전항에서 고래를 잡는 일본포경선은 모두 16척이고 일본인 선원은 130명 정도, 포경화포를 다루는 서양인이 6명이라고 했다. 또 러시아 포경기지는 정부가 승인한 곳이지만 일본인은 정부허락 없이 포경기지 밖에 장막을 치고 가옥도 지었다는 강원도 관찰사의 보고를 실었다.

1913년 1월 10일자 매일신보의 '장전 포경 호황' 기사에는, 1912년 12월에 동양포경(주)이 울산, 장전에서 잡은 고래가 101마리라며 근래 드물게 고래 풍어였다는 뉴스를 실었다. 또 장전과 울산에서는 포경선 12척이 12월 초부터 '극경(克鯨, 귀신고래)' 이라 불리는 고래가 동해로 들어오면서 휴업시간을 제외하고 연일 여러 마리씩 귀신고래를 잡았다. 1912년 8월 1일부터 12월 말까지 동양포경(주)에서 잡은 고래 총수는 565마리에 달했다고 한다.

1914년 4월 23일 매일신보에는, 통천군 앞바다에서 60척(18m)이 넘는 큰 고래가 잡혔는데 그 가액만 2,000원이었다고 한다. 그리고 당시에는 매년 5월부터 9월까지는 법으로 고래를 잡지 못하게 했다고 한다. 1915년 10월 27일자 부산일보에는 10월 2일에서 10월 18일 까지 보름동안 고래를 17마리 잡았다는 기록도 있다.

1922년 9월 18일자 동아일보에는 한강철교 밑에서 고래가 발견되었다는 기사가 실렸다. 이 고래는 길이 약 5.4m, 무게 7.5톤의 대형 고래였는데 당시 밍크고래가 아니었을까 추정된다. 당시 고래출현으로 경성(서울)이 들썩일 정도였다고 했는데 이 고래를 가져가 번화가인 명동에서 돈을 받고 구경을 하도록 했고 또 멀리 개성까지 옮겨가 순회전시를 했다고 한다.

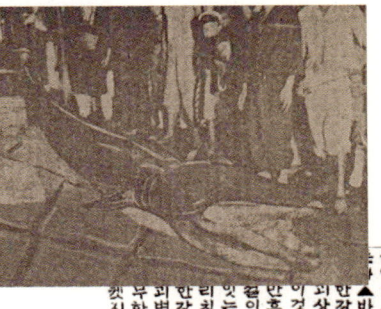

당시 한강에 올라온 고래사진과 동아일보 기사

박구병 교수와의 생전 인터뷰

지금은 작고하셨지만 부경대학교의 박구병 교수는 포경에 대해 방대한 자료를 담은 '한반도 연해포경사(1987년 발간)'를 저술했다. 이 책은 조선 시대부터 일제 강점기까지의 포경 관련 자료들을 체계적으로 정리하고 있어 우리 바다의 고래잡이 역사를 연구하는 데 중요한 자료다. 필자는 박구병교수가 작고(2006년 별세)하기 2년 전인 2004년에 직접 그와 인터뷰를 했다. 필자와의 인터뷰에서 박 교수께서 들려주신 얘기들을 싣는다.

필자와 인터뷰 하는 박구병 교수

"포경역사는 해양개척의 역사다. 18C말에 아프리카 케이프 혼을 돌아 유럽의 포경선들이 태평양으로 진출했다. 그들은 1820년엔 일본 연안까지 온다. 그리고 1830년대부터 우리 동해에 진출한다. 당시 동해를 항해하는 배는 전부 포경선이었다. 미국 포경선 또한 5대양을 누볐다. 포경선들이 전 세계 바다를 누비면서 해도(海圖)에도 없는 섬들을 수없이 발견한다. 사실상 포경선이 상륙하지 않은 섬이 없었다. 그 후에는 포경선의 항해일지가 미 해군의 군사정보로도 쓰였는데 특히 2차 세계대전 땐 미국 군함이 포경선의 항해일지를 참고했을 정도였다.

우리도 당시의 포경선 항해일지를 봐야 동해에 어떤 고래가 있었는지 알 수 있을 정도다. 헌종실록에 실려 있는 1849년에 함경도 이원지방에 포경선이 상륙한 사실도 미국 포경선 제파스의 항해일지에 같은 내용이 나온다. 항해일지에 의하면 당시 소나무는 고래고기를 솥에 쪄서 고래기름을 얻고자 할 때 연료로 사용되었다고 한다. 일성록에 있는 부산 용당포에 포경선 사우스 아메리카호가 보급을 위해 상륙했던 기록도 그들의 포경일지에 남아 있다.

일본의 고래잡이는 일찍이 1542년에 시작됐고 1600년대에 발달한다. 주로 그물을 사용하는 망포법(網捕法)이었다. 망포법 발명가가 토요토미 히데요시와 조선인 여자 사이에 난 아들이었다는 얘기가 일본에 전해져 온다. 반구대 그림 속에 그물이 등장하는데 그 그물로 고래를 잡았다는 얘기도 있으나 과연 고래를 잡는 그물이었는지 약간은 의문이 든다.

1890년엔 일본 포경선이 우리바다에 진출한다. 그때까지도 일본포경선은 고래에게 그물을 덮어씌운 후 작살을 던져 잡았는데 당시로선 원시

19세기말 일본의 고래잡이

적인 방법이었다. 그래서인지 일본인들은 주로 근해에서 이동하는 귀신고래를 많이 잡았다고 한다. 그러다가 노르웨이식 포경선을 들여와서부터는 포경포를 사용해서 과거에 못 잡던 대왕고래와 참고래를 잡았다. 당시 포경선이 10척 내외였는데 일제강점기엔 주로 참고래를 잡았고 밍크고래는 통계에 나오지도 않았다. 1889년 한반도 근대포경기지는 울산의 장생포, 강원도 장전항, 함경도 마양도였다.

귀신고래는 1910년 초에 싹쓸이 하다시피 잡았다. 1830년 무렵 러시아 포경선이 동해로 들어오고 1840년대에는 미국포경선이 참고래를 쫓아 동해로 들어온다. 1849년을 최고조로 200척이 넘는 미국의 포경선이 동해의 고래들을 무차별 살상하면서 프랑스와 독일의 포경선도 뒤이어 들어오게 된다. 미국 포경선은 1880년대까지 우리바다를 떠나지 않았고 1890년대부터 러시아포경선이 노르웨이식 포경포를 장착하고 뒤이어 일본이 같은 방법으로 고래잡이에 가세하면서 동해의 고래자원은 급속히 고갈되었다."

해방이후의 포경

1945년 해방과 함께 일본인 소유의 모든 선박은 적산(敵産)재산으로 분류되어 미군정이 몰수한다는 포고령이 내려졌다. 그러자 장생포의 일본 포경선들은 혼란을 틈타 일본으로 야반도주를 해버린다. 당시 장생포에는 약 300명 정도의 한국인 포경종사자들이 있었는데 그들은 조선 종업원 자치위원회를 만들어 포경을 준비했다. 그러나 일본포경선들은 모두 일본으로 떠나버리고 남은 포경선이 없었다.

이에 그 해 12월에 김옥창 씨를 비롯한 6명의 대표단이 일본에 건너가 일본어업통제(주)와 협상을 벌이게 된다. 그리하여 다음해 2월에 2척의 포경선을 넘겨받아 돌아오게 되는데 포경선 인수대금은 우리 선원들이 받지 못한 퇴직금과 위로금이었다. 일부는 김옥창의 사재로 충당하기도 했다.

일본으로부터 넘겨받은 포경선은 제6정해호와 제7정해호였는데 모두 목선이었다. 1940년대엔 태평양전쟁으로 철선(鐵船)들은 모두 군수용품 수송선으로 징발당하고 일본 내 포경선은 목선뿐이었다. 46년 2월에 제7정해호가 만국기를 달고 뱃고동소리를 높이 울리며 드디어 장생포항에 입항하게 된다. 이 때 주민들이 몰려나와 인산인해를 이뤘다고 한다.

제7정해호는 그 해 4월 16일에 첫 조업을 나가 범고래 한 마리를 포획했는데 이것이 반구대 암각화 이후로 우리 손으로 잡은 최초의 고래다. 3개월 뒤엔 제6정해호도 입항했는데 두 배는 모두 목선이었지만 우리가 보유한 최초의 노르웨이식 포경선이었다. 그해 9월 7일에 민족자본 500만원으로 조선포경주식회사가 설립되면서 드디어 우리 손으로 고래잡

1970년대의 포경선

고래잡이

이가 본격적으로 시작됐다. 조선포경(주)은 우리 손으로 최초로 고래를 포획한 4월 16일을 '한국포경 기념일'로 정했다.

그러나 포경이 금지된 이후 한국포경 기념일을 기억하는 사람은 없다. 2008년에 장생포가 우리나라 유일의 고래문화특구로 지정되면서 울산 남구청은 매년 4월 25일을 '고래의 날'로 정했다. 과거에 매년 4월이면 울산앞바다에 고래가 출몰하고 절기상 곡우(4/20)가 지난 뒤에 고래잡이에 나서는 것을 감안해서 그렇게 정한 것이다.

조선포경(주)은 1946년 10월 6일에 청진호와 제2동아호를 사들여 포경선 4척을 보유하고 1947년 여름부터 본격적으로 조업을 시작했다. 이 회사는 그 해 9월 초순까지 큰고래 27마리를 잡았는데 대부분이 참고래였다. 1947년엔 장생포에 대동포경(주)이 설립되고 1948년엔 방어진에 동양포경(주)이 설립되면서 방어진 동진항에 고래해체장이 건립된다. 1949년엔 장생포에 금린포경(주)이 설립되었다.

1940년대엔 포경선들이 참고래 위주로 고래잡이를 했으나 일제말기부터는 밍크고래도 잡았다. 이처럼 우리 손으로 시작된 포경은 참고래 위주에서 큰 고래의 고갈로 인해 차츰 밍크고래 위주로 바뀌어 갔다. 당시 장생포의 포경선들은 동해남부 연안이 주된 고래잡이 터였지만 동해의 울릉도 인근과 서해를 오가며 고래를 잡았다. 특히 2월이면 어청도까지 진출해 고래를 잡기도 했다.

장생포 고래박물관에 전시돼 있는 포경선 제6진양호

당시 고래를 잡는 포경선은 일반 어선과는 많이 달랐다. 먼저 포경선은 배의 앞쪽인 선수가 높다. 선수 위엔 포경포가 설치되는데 포대를 높게 하여 고래를 잘 볼 수 있도록 해야 했다. 또 바람과 파도를 무시하고 고래가 달아나는 방향으로 추격해야 하기 때문에 갑판은 물바다가 되기 일쑤였다. 그래서 침수한 바닷물이 빨리 빠져나가고 또 급선회에 편리하도록 포경선 선체의 앞과 뒤는 높은 반면 선체 중앙부는 아주 낮았다.

포경선의 가장 중요한 특징은 조타실에서 포경포가 있는 선수로 이어지는 다리와 앞 돛대 꼭대기에 설치된 망대다. 또 포경선은 선체에 비해 큰 기관을 가지고 있다. 보통어선의 엔진은 총톤수의 2.5~3배의 마력수를 가지고 있지만 포경선은 4~5배이다.

과거에는 포경선이 접근하면 기관소리를 듣고 고래가 달아난다고 해서 소리가 작은 증기기관으로 조용히 접근했으나, 소리가 크고 심해도 강한 디젤기관을 사용하여 전속력으로 추적함으로써 고래를 피로하게 만들어 포획하는 방식으로 점차 바뀌었다.

고래잡이의 전성기

해방 후 고래고기는 국내수요도 많지 않았고 일본에 대한 수출도 거의 전무하다시피 해서 우리 손으로 시작한 포경산업의 성장세는 더디기만 했다. 그러다가 고래고기 수요가 폭발적으로 증가하는 계기가 있었는데 바로 1950년에 발발한 한국전쟁이었다. 먹는 것이 부족했던 그 시기에 국민들에게 고래고기는 절실했다. 휴전 이후 1955년 한 해에만 199마리의 고래를 잡는 기록적인 포획성과 속에서도 고래고기는 없어서 못 팔 정도였다. 고래고기 수요가 늘자 고성능의 80톤급 포경선 동방 1, 3,

5호가 투입되었다. 당시 우리바다의 주된 고래잡이 터는 울산을 근거로 한 동해일대와 흑산도, 어청도를 근거지로 한 50~100해리 수역이었다. 고래고기의 인기와 함께 포경선도 계속 늘어나 82년엔 포경선이 21척이나 됐다.

1958년과 1985년 사이에 우리 손으로 포획한 고래의 수는 모두 15,590마리였는데 이 중에 14,587마리가 밍크고래였다. 해방 전후부터 60년대 까지는 참고래 같은 대형고래가 주된 포획대상이었기에 상대적으로 몸집이 작은 밍크고래는 거들떠보지도 않았다. 그러나 70년대부터는 대형고래가 자취를 감추는 바람에 밍크고래를 잡을 수밖에 없었다.

1970~80년대에는 한 해에만 900~1,000마리의 고래가 판매될 정도였다. 1980년대엔 장생포에서 고래잡이 삶을 이어가는 사람만 14,000여 명에 이르렀다. 당시 포경선 선원들의 급여는 다른 어선에 비해 많았고 월급 외에도 포획되는 고래 마리당 수당을 더 받았기에 수입이 꽤 괜찮은

1970~80년대 고래잡이 시절의 장생포

장생포 고래해체장

편이었다. 지금도 회자되는 말이지만 당시 장생포에는 "개도 만 원짜리 물고 다닌다" "장생포 포수는 울산군수하고도 안 바꾼다"는 말이 유행할 정도였다.

포경선 포수를 했던 장생포의 김상복씨는, 날씨가 좋은 날엔 고래를 하루에 한 마리 정도 잡았고 그렇지 않을 때는 2~3일에 한 마리 정도 잡았다고 한다. 잡은 고래는 장생포로 가져와서 해체했는데 기름은 화장품과 비누제조 회사로 보내고 고기는 시장으로 유통했다고 한다. 당시

만 원짜리 물고 있는 개(장생포 고래문화마을)

06 고래잡이의 시대 241

1970~80년대의 장생포

　김상복씨는 집에서 고래기름을 식용유 대신 사용하기도 했다.
　큰 고래가 잡혀올 때면 고래해체장이 있는 장생포 건너 용잠부두엔 많은 사람들이 모여 고래를 구경하기도 했다. 그럴 때면 자연스레 장이 서고 사람들은 흥청거렸다. 또 어디서 모여들었는지 막걸리 장사하는 분들이 많았고 선주가 해체하던 고래를 뚝 떼서 맛보기로 고래고기를 내놓으면 사람들은 막걸리와 함께 싱싱한 고래고기 맛을 봤다고 한다.

용잠부두의 창고건물과 나무상자들

용잠 고래해체장 옆의 창고건물은 지금은 사라졌지만 필자가 방송 촬영할 당시인 2004년엔 남아 있었다. 당시 그 창고 속엔 나무상자들이 가득 쌓여 있었는데 70년대에 이 상자에 고래고기를 가득 담아 일본으로 수출했다고 한다. 그 당시엔 잡은 고래고기의 절반을 일본으로 수출할 정도였고 76년 한 해만 고래고기 수출액이 무려 190만달러, 양으로는 1천여 톤이었다.

한국귀신고래의 남획

현재 태평양 동쪽의 캘리포니아 귀신고래의 경우 그 개체수가 3만 마리에 가깝지만 태평양 서쪽 한국귀신고래의 수는 고작 100여 마리에 불과하다. 그렇다면 사람들이 고래를 잡기 이전에는 한국귀신고래가 얼마나 많았을까? 현재 해양포유류 학자들은 우리 동해에 사는 귀신고래의 수는 대략 1,000마리~1,500마리 정도였을 것으로 추정한다. 한국귀신고래의 숫자는 처음부터 그리 많지 않았다는 것이다.

그런데 기록에 의하면 1910년~1945년 사이 일제강점기 동안 우리바다에서 잡힌 귀신고래의 수는 1,306마리였다. 해방 후 1948년~1966년 사이에 잡힌 귀신고래의 수는 고작 67마리, 1966년 이후로 우리바다에서 귀신고래는 잡히지 않았다. 근대식 포경이 시작된 지 불과 70여년 만에 한국귀신고래는 한반도 바다에서 완전히 사라졌다. 일제강점기 때 근대식 포경포를 사용해 귀신고래를 너무 많이 잡았던 것이 한국귀신고래 생존숫자가 줄게 된 가장 큰 원인이었다.

일본 고래학자 히데히로 가또 박사는 필자와의 인터뷰에서 이렇게 말했다. "한국귀신고래가 많이 잡혔을 때가 1910년대~1920년대이며 80%

는 울산 장생포에서 잡았다. 당시 포경선 포수 에모토 씨의 자료에 의하면 12월과 1월에 많이 잡았는데 늦게 출발한 귀신고래들은 3~5월에도 잡긴 했다. 귀신고래들은 수심 100m 이하의 얕은 곳에서 잡혔는데 울산 해안의 코앞에서 잡혔다. 울산 해안 쪽엔 귀신고래들을 끌어 모으는 뭔가가 분명히 있다고 본다."

글쎄, 과거에 귀신고래들이 울산바다에서 유독 많이 잡혔던 이유가 뭐였을까? 그 당시 울산과 멀지않은 곳에 귀신고래의 겨울철 출산장이 있지 않았을까 추측만 해볼 뿐이다.

귀신고래를 보호하기 위해 우리정부는 1962년 12월 3일에 강원도, 경상북도, 울산시의 바다 일원을 천연기념물 제126호 '극경(克鯨) 회유해면'으로 지정하고 그 기념비를 장생포에 세웠다. 그런데 안타까운 일은, 귀신고래는 사라졌지만 그 고래가 뛰노는 바다도 보호하자는 뜻으로 천연기념물을 정했는데 그 귀한 귀신고래가 천연기념물 지정 후에도 우리 바다에서 잡혔다는 사실이다. 포경어업협동조합 자료에 의하면 천연기념물 지정 이듬해인 1963년부터 1966년까지 4년간에도 14마리의 귀신고래를 잡았다는 기록이 남아있다. 어찌 이런 일이?

장생포의 포경선 포수들 중에도 귀신고래를 잡았다는 이들이 있다. 1962년부터 1985년까지 포경선 포수를 했던 방 모 씨도 고래를 한창 잡을 때인 70~80년대에 매년 한두 마리의 귀신고래를 잡았다고 한다. 물론 그 땐 그 고래가 보호종인 귀신고래라고는 전혀 알지 못했다고 한다.

포경선 대양호 선주 겸 포수 박기목(朴奇睦)씨가 1977년 1월 3일에 울산 방어진 앞 5마일 바다에서 귀신고래 2마리가 남쪽으로 헤엄치는 것을 목격했다는 증언이 귀신고래 최후의 목격담이다. 그 후로 한국귀신고래를 봤다는 사람은 없다.

고래잡이 모라토리엄

전 세계 고래자원은 국제포경위원회(International Whaling Commission, IWC)가 보존, 관리하고 있다. IWC는 1946년에 미국, 영국 등 12개국이 국제포경관리조약(ICRW)을 체결함으로써 시작됐는데 1948년에 15개국이 조약에 서명함으로써 국제포경위원회가 정식으로 발족했다. 우리나라가 국제포경위원회에 가입한 것은 1979년이었는데 우리가 국제기구의 관리체계에 적응도 하기 전인 1982년에, 국제포경위원회는 1986년부터 생계형 원주민 포경을 제외한 전 세계 상업적 포경의 모라토리움(Moratorium, 금지)시행을 결정한다.

이 결정은 1982년 7월23일 영국 브링턴에서 열린 33차 국제포경위원회에서 결정됐는데 그 주된 이유는 고래가 멸종위기에 처해있다는 것이었다. 당시 포경국가들의 반발에도 불구하고 결의안은 찬성 25표 대 반대 7표, 기권 5표로 통과됐다. 20세기 초반까지 세계 최대의 포경국이었으나 반(反)포경으로 돌아선 미국의 주장이 크게 작용했다고 볼 수 있다.

1985년, 마지막 출어를 기념하기 위해 포경선 제2대원호가 풍어의 깃발을 높이 달고 장생포항을 출항하고 있다.

박구병 교수는 이에 대해 "포경금지는 성급하게 결정된 측면이 있다. 당초에 질서 있는 포경업을 하자는 취지로 결성된 것이 국제포경위원회 (IWC)였다. 고래자원이 풍부한 곳에서는 쿼터를 줘서 잡도록 하는 것이 맞다고 본다. 우리가 그 당시 미국으로부터 북태평양 명태쿼터를 받아서 명태를 잡아 왔는데 만약 우리가 포경금지에 이의신청을 한다면 미국의 압력으로 명태쿼터를 빼앗길 수도 있다는 우려에 아무 소리도 못했다."는 뒷얘기를 들려주었다.

이렇게 1986년부터 국제적으로 포경이 금지됨으로써 장생포의 고래잡이도 역사의 뒤편으로 사라졌다. 1985년 포경금지 직전까지 장생포엔 21척의 포경선이 있었다. 이 중 목선 5척은 인공어초로 물에 가라앉혔으

2004년 당시 장생포항에 버려진 포경선

며 강선 3척은 어업 지도선으로, 또 다른 3척은 북해도 트롤어선으로, 나머지 포경선들은 오징어채낚기 어선이 되었다.

80~90년대엔 장생포에 고래고기를 팔던 집이 20곳이 넘었으나 2025년 현재 4곳 정도만 남았다. 이로 인해 장생포는 80년대 중반까지만 해도 2만 명에 육박하던 주민이 이젠 1,000여 명으로 줄었고 80년대 2,200명에 육박하던 장생포초등학교의 학생 수가 2025년엔 20여 명에 불과하다.

지금 장생포는 석유화학공장으로 둘러싸여 있고 고래를 해체하던 용잠부두엔 바다주유소가 들어서 있다. 포경선이 뱃고동을 울리며 다니던 바다엔 기름을 실은 유조선들만 바쁘게 들락거린다. 59년도 그 악명 높던 사라호 태풍 때도 장생포 포구엔 잔물결만 일었다고 한다. 천혜의 항구 조건을 갖추고 있어 서구열강들이 고래를 잡기 위해 다투었던 곳, 길지 않은 세월이었지만 우리 손으로 직접 고래를 잡았던, 장생포는 다시 오지 않을 우리 역사의 소중한 한 장면을 간직한 곳이기도 하다.

장생포에 남아있는 고래고기집

포경이 금지되고 나서 1999년 6월에 한국과 일본이 공동으로 동해의 고래자원 조사를 실시했는데 우리 동해에는 밍크고래가 대략 2,000마리에서 4,000마리 정도 살고 있는 것으로 조사됐다. 그리고 동해에 서식하는 밍크고래의 크기는 보통 6~7m 정도, 최대 11m에 이르는 것으로 나타났다.

포경이 금지된 이후에도 우리바다에서는 꾸준히 고래가 잡힌다. 흔히 '혼획(混獲)'이라고 말하는 그물에 걸려 죽는 고래. 2005년에 발표된 '고래자원의 이용 역사와 최근 조사'(김장근 著) 에 의하면, 1996년부터 2004년까지 연근해에서 잡힌 고래는 18종류 2,172마리로 연평균 272마리가 잡혔으며 이 중 밍크고래가 710마리로 전체의 1/3이나 됐다. 국립수산과학원 고래연구소에 따르면 우리바다에서 혼획되거나 좌초·표류하는 고래의 수가 2017년 878마리, 2018년 602마리, 2019년 542마리, 2020년 278마리, 2021년 399마리 등으로 조금씩 감소하는 추세다.

2025년 장생포항

혼획된 고래들

포수 김상복 씨의 증언

30년 가까이 포경선 포수를 했던 김상복 씨는 포경시절의 얘기를 이렇게 들려주었다.

"나도 일본인 밑에서 포경선 하급선원으로 4년간 일했다. 마스트 꼭대기에 있는 망통에서 고래를 발견하는 사람은 주로 한국인이었다. 해방

김상복 씨

되고도 일본인들조차 한국사람을 데려가 고래 견시원(見示員)으로 쓰기도 했다. 기술은 일본인한테서 배웠지만 실력은 우리가 더 좋았다. 일본인들은 한국인은 절대 포수를 시키지 않았지만 해방 후 우리 손으로 고래를 잡기 시작하자 일본인들보다 우리가 훨씬 많이 잡았다. 포경포의 명중률도 우리가 더 높았다. 일본인들은 열 방 쏘면 일곱 방은 헛방이었지만 한국인은 80%가 명중이었다.

해방되고 나서는 일본포경회사에 서기로 일했던 전라도사람 김옥창 씨에게 연락해서 퇴직금을 받아 달라 요청했고 이 분이 일본에 가서 퇴직금 대신으로 포경선 2척을 가져왔다. 해방 직후에는 45자(14m) 이상 되는 큰 고래만 잡았다. 큰 고래는 60자(18m)~70자(21m)도 있었다. 그 땐 밍크고래는 봐도 안 잡았다. 바다에만 나가면 고래가 지천이었다. 70년대엔 장생포에 포경선이 21척이나 됐다. 아직도 남아있는 포경선 진양 6호가 많이 잡을 때는 일 년에 밍크고래를 70~80마리나 잡았다. 구룡포 앞에서 고래를 발견하게 되면 남쪽으로 추격해서 울산 주전마을 앞 이득

포경선 제6진양호에 올라 포경포를 만져보며 감회에 젖는 김상복 씨

암초 근처에서 잡았다. 과거 이득암초 인근에서 고래를 많이 잡았다.

당시에 좋은 고래고기는 죄다 일본으로 수출했다. 나무상자에 고래고기를 25kg 정도를 담고 그 위에 얼음을 재워서 일본으로 수출했는데 큰 고래를 해체하면 몇 백 상자씩 수출했을 정도였다. 생선 수백 상자 잡는 것보다 큰 고래 1마리 잡는 게 훨씬 생산이 많았다. 그래서 그 땐 울산군수 할래? 고래 배 탈래? 그럴 정도였다. 내가 포수할 땐 수입도 좋고 괜찮았다. 봉급이 2만 5천원 정도였는데 거기다 고래 1마리당 특수상여금이 있어 수입은 도시의 월급쟁이보다 훨씬 나았다."

고래해체 기술자 주태화 씨

고래이야기를 하자면 사실 이 분을 빼놓을 수 없다. 우리나라의 마지막 고래 해체 기술자 주태화 씨다. 한때 우리나라 바다에서 건져 올린 고래의 90% 이상을 그가 해체했을 정도였다.

주태화 씨는 1979년, 포항 죽도 어시장에서 고래고기를 손질하면서부터 차츰 고래 해체 기술을 배웠다고 한다. 그가 직접 고래를 해체하기 시작한 것은 아이러니하게도 고래잡이가 금지된 86년부터였다. 고래잡이는 금지됐지만 그물에 걸려 죽는, 소위 혼획된 고래들이 많았는데 한해

고래를 해체하는 주태화 씨

평균 100여 마리씩, 지금까지 2,000여 마리를 해체했다. 해체한 고래의 대부분은 4~8m 짜리 밍크고래였다.

그는 "고래 해체는 아무나 할 수 있는 일이 아니다"고 잘라 말했다. 내부 뼈와 뼈마디, 내장 등 구조를 자세히 모르고서는 칼을 들이대 봐야 소용이 없고 특히 고래 귀는 굉장히 단단해 잘못하면 칼날은 물론 도끼날까지 부러질 정도라고 한다.

해체작업에서 주 씨가 가장 먼저 하는 일은 목에서 피를 빼내는 일이다. 그것은 고래가 빨리 상하는 것을 막고 신선도를 유지하기 위해서다. 이어 머리 부분과 지느러미, 등, 갈비, 내장 등의 순으로 자르고 들어낸다.

고래해체에는 칼, 도끼, 톱이 주로 사용되는데 도끼와 톱은 뼈를 자르는데 쓴다. 그런데 길이 10m 이상의 큰 고래를 해체할 때는 곡괭이까지도 필요하다고 한다. "고래는 체온이 47~48도가량 됩니다. 겉 피부는 사람 피부와 거의 똑같죠. 몸속 기름이 많기 때문에 뭍으로 올라온 뒤 사나흘이 지나면 부패되지요."

해체 소요시간은 5m 미만 고래의 경우 2시간이면 족하다. 그러나 1996년 목포에서 잡힌 길이 13m, 무게 30톤의 참고래는 오전 7시부터 시작해 밤 10시에야 작업을 마쳤다고 한다. 해체 작업비는 고래 크기와 출장 지역에 따라 다르지만 90년대 당시 보통 20만 원 안팎이었고 많을 땐 40만~50만 원까지 받았다고 한다.

주태화 씨는 고래 해체에 앞서 고래의 몸길이부터 눈·코·귀·지느러미 등 부위별 길이까지 모두 27가지를 측정해서 일일이 기재한다. 이렇게 조사된 내용은 고래연구소로 보내져 귀중한 자료가 되는데 고래 해체에 대한 오랜 현장경험을 살려 주 씨는 한 때 국립수산과학원 외부연구원으로 위촉되기도 했다.

2004년에 주태화 씨를 촬영하면서 그가 들려준 얘기들 중에 세 가지 정도가 기억에 남는다. 그 해 1월에 그물에 걸려 죽은 참고래 한 마리가 장생포로 실려와 해체작업을 하게 되었다. 필자는 그 고래를 처음보고는 '덩치 큰 밍크고래인가?' 그랬는데 주태화 씨가 그 고래에 대해 자세히 설명해 주었다.

"이 고래는 참고래입니다. 길이가 10m 정도로 참고래 새끼라 보면 됩니다. 이 고래는 우네(주름 있는 가슴살)가 배꼽 아래에 있는데 재밌는 건

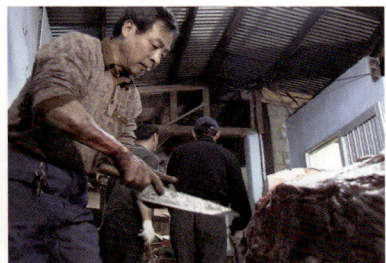

2004년 장생포에서 참고래를 해체하는 주태화 씨

해체 전에 고래의 종류와 길이, 무게 등을 꼼꼼히 적어 고래연구소에 보낸다.

드디어 그의 칼날이 춤을 춘다. 참고래를 해체 중인 주태화 씨

입을 보면 한 쪽 수염은 검고 다른 쪽은 밍크고래처럼 하얗습니다." 정말 그랬다. 좌우 수염의 색깔이 완전히 달랐다. "참고래는 자주 올라옵니까?" 물으니 "10년에 한 번씩 잡히는 귀한 고래입니다. 이번에 방송촬영 중에 참고래가 올라와서 아주 운이 좋은 겁니다" 그러셨다. 과거 우리바다에 이 고래가 얼마나 많았으면 이름을 참고래라 했을까, 이젠 너무나 귀한 고래가 돼버린 참고래를 내 눈으로 직접 보게 되어 내겐 정말 큰 행운이었다.

검은 색의 참고래 왼쪽 수염

주태화 씨의 두 번째 이야기는 귀신고래 사진을 보여줬을 때였다. 그가 귀신고래 사진을 보고는 망설임 없이 "어! 이 고래가 맞다. 내가 해체한 고래다. 10년 전쯤인가? 구룡포에서 해체했는데 색깔이 얼룩무늬 비슷해서 아직도 기억한다. 그때는 이게 무슨 고래인지 종류를 잘 모르고 작업했는데 그 이후로는 이런 고래가 한 마리도 안 나왔다. 몸 색깔은 거의 국방색에 가까웠다." 나와 고래연구소 연구자들이 그 얘길 듣고 아연실색했던 순간이었다.

주태화 씨의 세번 째 이야기는, 반구대 암각화에 있는 고래해체그림을 보고 그가 했던 말이다. "잘 보이소, 이 그림에도 고래를 잘라 놓은 게 고래 머리 자르고, 갈비 떼 내고, 등 자르고, 배폭(우네) 떼 내고, 꼬리 자르고 하는 게 요새 내가 해부하는 것과 똑같습니다. 7천 년 전이나 지금이나 고래 해체하는 거는 비슷하네요. 그때도 이런 식으로 해체를 했다면 이건 그 당시 고래 해체작업이 상당히 발달됐다고 할 수 밖에 없지요." 그는 반구대 암각화의 고래 몸에 그

귀신고래 사진을 보고 해체 경험담을 들려주는 주태화 씨

반구대의 고래해체 그림

어진 선이 자신이 고래를 해체할 때 칼이 가는 길을 그대로 나타낸 것이라고 했다.

이렇게 소중한 애기를 들려주셨던 주태화 씨는 지금은 연세가 많아 고래 해체작업에서 손을 뗐지만 20년 전 그가 고래를 해체하면서 이마에 땀을 뻘뻘 흘리던 그 모습이 지금도 선하다.

고래잡이 민속문화

장생포에는 마을 당산제를 지내던 당집이 지금도 남아 있다. 당집의 현판엔 신위당(神位堂)이라 쓰여 있고 당집 뒤엔 당산나무가 있다. 당집 안의 신위는 할아버지와 할머니 세 분씩을 그린 그림이다. 조선후기에

장생포 마을 당집, 신위당(神位堂)

그린 듯한 그림인데 삼신사상(三神思想)의 삼신 내외로 보이기도 하고 이 마을 골매기 할아버지와 할머니를 그린 것 같기도 하다.

장생포 사람들은 해마다 음력 정월 보름과 시월 보름에 고래를 많이 잡게 해달라는 오구굿(당산굿)을 해왔다. 포경선 선주들은 고래잡이 나갈 때는 항상 이 당집에 와서 무탈하기를 빌었고 또 고래가 많이 잡히기를

신위당 내부의 그림

장생포 마을 당나무

소원했다. 고래 배 사람들은 고래를 잡아 돌아오면 잡은 고래고기 5kg 정도를 제물로 드리고 감사축원을 올렸는데 주로 고래의 머리와 꼬리를 잘라 와서 바쳤다. 제배 후에는 당집의 신도 고래고기를 드시라는 의미에서 당산나무에 고래고기를 걸어 놨다. 그럴 때면 마을어른들이 그 자리에서 남은 고래고기를 음복했다고 한다.

고래를 잡을 당시만 해도 장생포에서 해마다 풍어굿이 열렸는데 고래잡이가 금지된 후로는 3년에 한 번 정도 용신제(龍神祭)가 열려 그 명맥만 유지하고 있다. 그런데 이곳 장생포에는 용신제 외에 풍어와 무병장수를 비는 일광월광 허계굿이 전해져 온다.

허계굿은 10여m 높이로 서낭대를 세우고 오색 천을 꼭대기에서 땅까지 드리운다. 무녀는 이 끈을 잡고 둥글게 서고 큰 무녀의 일광월광 굿거리에 따라 서낭대를 시계방향으로 돌며 고(매듭)풀이를 했는데 고는 일정한 규칙에 따라 머리를 땋아 늘이듯 묶고 풀었다. 일광월광 허계굿이 끝

일광월광 허계굿

나면 이어서 죽은 사람의 영혼을 달래는 허계장군굿을 하기도 했다.

허계굿 외에도 민속학자 이정재 교수가 채록한 고래잡이 노동요도 전해지는데 이 노래는 울산 북구 연암동에 사는 구구서 씨가 불렀다. 자진모리 장단의 '고래잡이 나가면서 부르는 뱃노래'는 이렇다.

"고래 잡으러 가자시라~ 배 띄워라 배 띄워라~
고래포에 배 띄워라~
파도 타고 저 바다로 고래잡이 떠나는 배야
뱃노래를 부르며 가자 여기여차 노저어라~"
- 하략(下略) -

고래잡이 나가는 노래 외에 고래를 발견하고 잡을 때 부르는 뱃노래도 함께 전해 온다.

"거친 파도 넘어서니 고래 한 마리 노는구나~
그 고래를 쳐다보니 너무 작아 못 쓰겠다
옆에 고래 쳐다보니 그 고래는 너무 멀다
큰 고래가 도망친다 어서 빨리 노저어라~"
- 하략(下略) -

고래잡이는 사라졌지만 울산 장생포엔 고래잡이 민속(民俗)은 남아 지금도 이어지고 있다.

한국전쟁과 고래고기

사실 고래고기는 한반도에 사는 모든 한국사람들이 먹었던 것은 아니었다. 일제강점기때 포경기지가 있던 울산이나 장전, 청진, 흑산도 등 일부 바닷가 사람들만 맛볼 수 있었다. 그런데 우리나라 사람이 고래고기를 맛있게 먹고 사랑하게 된 계기가 있었는데 바로 한국전쟁(1950년~1953년)이었다. 전쟁기간에 300만이 넘는 피난민들이 한꺼번에 대구와 부산 등 낙동강 동부의 좁은 지역으로 몰려오면서 극심한 식량난을 겪게 되었다.

다행히 당시 미국의 원조로 배급밀가루가 대량으로 들어와 그나마 배고픔은 면할 수 있었다. 그런데 탄수화물 공급은 어느 정도 해결이 됐으나 문제는 육류와 수산물을 통해 얻게 되는 단백질 부족이 심각했다. 이때 등장한 것이 고래고기였다. 부산 자갈치 좌판에서 파는 삶은 고래고기는 겉보기도 다른 축산물과 비슷한데다 맛도 쇠고기에 버금갈 정도여서 육류에 굶주린 피난민들에겐 구세주와 같은 존재가 되었다.

또 고래고기는 값싸고 맛좋고 영양분도 풍부해서 사람들은 돈이 생기면 고래고기로 찌개를 끓여 온식구가 즐겨먹었다. 연탄불에 구운 고래고기로 술안주를 하며 고달픈 피난시절의 회포를 풀기도 했다. 특히나 당시 부산은 피란지로서 전국의 예술가가 다 모이는 곳이었는데 지금도 그들의 애환과 예술혼의 자취가 부산 곳곳에 남아 있다.

자갈치 좌판에서 고래고기 안주로 대폿잔을 기울이던 작곡가 윤용하는 같은 고향 출신의 시인 박화목을 만나게 된다. 같은 황해도 출신에 연배도 비슷해 둘은 금방 의기투합했을 것이다. 박화목은 즉석에서 지

1950~60년대 영도다리

1950~60년대 자갈치시장

자갈치시장에 있는 가곡 '보리밭' 노래비

은 '옛생각' 이라는 서정시를 윤용하에게 건네줬고 이 시를 받아들고 돌아간 윤용하는 며칠 뒤 제목을 '보리밭'으로 바꿔 노래를 완성했다.

'보리밭 사잇길로 걸어가면 뉘 부르는 소리 있어 나를 멈춘다… 돌아보면 아무도 뵈이지 않고 저녁놀 빈 하늘만 눈에 차누나~' 피난지 부산에서 만난 시인 박화목과 작곡가 윤용하가 자갈치 좌판의 고래고기로 회포를 풀면서 만든 노래가 바로 우리 가곡 '보리밭' 이다. 지금도 부산 자갈치에는 박화목과 윤용하의 보리밭 노래비가 세워져 있다.

한국전쟁기는 물론 전쟁이 끝난 이후에도 고래만 잡으면 판로는 걱정 안 해도 되는 그야말로 포경의 전성기를 이루었다. 1955년 한해에만 최고 199마리의 고래를 포획하기도 했다.

어릴 때 필자가 친구들과 골목길을 누비며 불렀던 노래가 있다.

"서울내기 다마내기 맛좋은 고래고기
찌지묵고 뽁아묵고 냠냠냠~!"

아이들이 부르는 큰 뜻이 없는 단순한 노래 같지만 이 노래 속엔 한국전쟁 때의 많은 얘기들이 담겨 있다. 노랫말을 풀이해 보자.

먼저 '서울내기' 라는 말은 요즘은 잘 쓰지 않지만 필자가 어릴 때만해도 경상도에서는 서울출신이거나 서울에서 온 사람을 두고 서울내기라고 했다. 왜 서울사람을 서울내기라 했을까? 지금은 방송을 통해 서울말씨가 귀에 익지만 당시에 억센 경상도 사투리를 쓰는 부산에서 서울말씨를 쓸 경우 사람들이 한 번 더 쳐다봤다. 당시 부산사람들에게 서울말씨는 그만큼 낯선 말이었다.

그런데 한국전쟁 때 임시수도 부산은 북한사람들을 포함해 팔도사람들이 다 모였다. 나는 전쟁이 끝나고 한참 뒤에 태어났지만 내가 살았던 동네에도 앞뒷집에 북한사람을 포함해 팔도사람들이 여전히 많이 살았다. 피난 시절에 팔도사투리로 재잘거리는 그 골목길이 아이들로 또 얼마나 북적였을까, 그런데 그 아이들 중에 부산아이들한테 제일 맘에 안 들었던 애들이 있었으니 바로 서울출신 아이들이었다.

투박한 사투리가 아니라 반질반질한 서울 말씨에 부산보다 큰 도시에서 왔다고 부산아이들을 깔보기도 하는 것이다. 그래서 부산아이들이 서울내기를 속이 반질반질한 다마내기(양파의 일본말), 즉 양파에 빗대어 노래를 불렀던 것이다.

그런데 이 노래에 '맛좋은 고래고기' 라는 말이 왜 들어갔을까? 한국전쟁 때는 말할 것도 없고 전쟁이 끝난 후 그 가난한 시절에 우리나라 사람들이 먹을 수 있는 고기는 딱 두 가지였다. 하나는 미군부대에서 나온 고기로 죽을 쑤어 만든 꿀꿀이죽(부대찌개)이었고 또 하나가 바로 고래고기였다. 고기가 귀하던 그 시절 고래고기가 얼마나 맛있었을까? 필자도 어릴 때 시장에서 새끼줄에 묶어 팔던 고래고기를 어머니가 사와서 된장찌개를 끓여 주시던 기억이 생생하다. 그 된장찌개 속에 든 고래고기가 얼마나 맛있던지

'찌지묵고 뽁아묵고 냠냠냠' 결국 노래의 전체 내용은 이렇다. 양파(다마내기)처럼 뺀질뺀질한 서울아이들을 맛있는 고래고기 먹을 때처럼 찌개도 해먹고 불에 뽁아도 먹듯이 냠냠냠 먹어버리겠다는 것이다. 이 노래를 듣는 서울아이들이 기분이 좋을 리 있겠는가, 그래서 부산아이들은 서울아이들 들으라고 온 골목길을 다니면서 이 노래를 불렀던 것이다.

그렇지만 전쟁이 끝나고 현인이 부른 '이별의 부산정거장' 노래처럼 다시 수복된 서울로 돌아가는 날, 서울친구들을 떠나보내며 그동안 들었던 미운 정 고운 정에 헤어지는 아이들 마음이 서로 또 얼마나 먹먹했을까, 친구는 가고 없어도 그 골목에 그렇게 노래만 오래도록 남았던 것이다.

맛있는 고래고기에 대한 추억과 함께 이젠 기억하는 사람도 별로 없

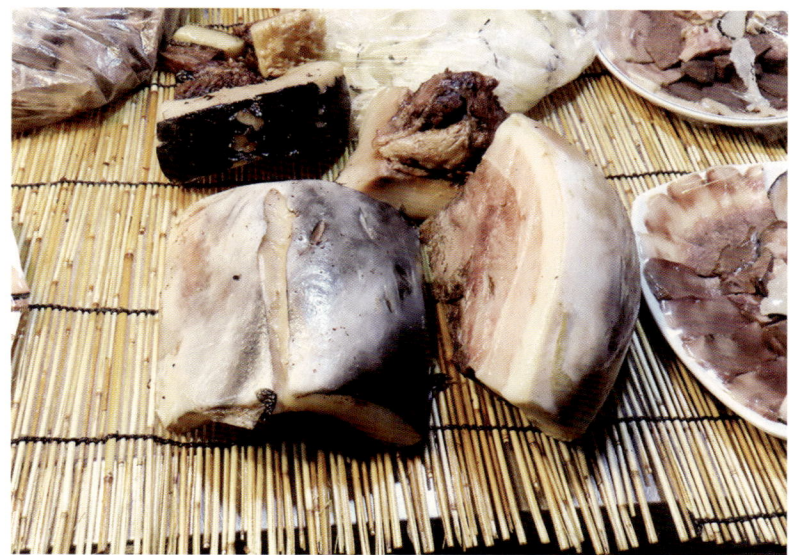
그 시절의 고래고기

는 이 노래를 혼자 읊조릴 때면 내 마음도 왠지 먹먹해진다. 지나간 시간들에 대한 아득한 그리움 때문이랄까?

노르웨이의 포경

포경이야기를 하자면 사실 노르웨이를 빼놓을 수 없다. 근대식 포경이 시작된 곳이 바로 노르웨이기 때문이다. 노르웨이 포경역사를 집대성해 놓은 곳이 바로 노르웨이 산네피요르드시(市)의 고래박물관이다. 1800년대 중반까지도 사람들은 고래를 잡을 때 놋쇠로 만든 작살을 총포에 넣고 쏘는 정도였다.

그런데 1864년에 노르웨이 사람 '스벤 푄(Svend Foyn)'이 대형작살을 발사하는 포경포를 발명하면서 소위 근대포경이 시작된다. 포경포에 화약을 사용해서 대형작살을 발사하면서 덩치 큰 고래를 보다 쉽게 잡을 수 있게 된 것이다. 그와 함께 스벤 푄은 고래 몸속에서 폭탄이 폭발하도록 하는 장치까지 고안하기도 했다.

1868년에 스벤 푄은 이 근대 포경포로 이전에는 잡을 엄두도 못 내던 대형수염고래를 한 해에 30마리나 잡아 근대포경의 효시가 되었다. 그런데 노르웨이가 발명한 이 근대포경 방법이 30년 뒤 아시아로 전해졌는데 이 근대포경이 가장 먼저 시작된 곳이 바로 우리 동해바다였다.

지금도 국제포경위원회(IWC)로부터 허락을 받아 일 년에 1,000마리 가까운 밍크고래를 잡는 노르웨이는 전 세계에서 상업포경을 하는 몇 안 되는 나라 중 하나다. 1990년부터 노르웨이정부가 북대서양의 고래개체

총에 작살을 꽂아 고래를 잡던 방식

스벤 푄과 그가 최초로 만든 포경포

근대 포경포

수를 꾸준히 조사해서 IWC에 보고한 밍크고래의 수는 대략 18만 마리.

이런 명확한 근거 앞에 IWC도 고래잡이를 허락하지 않을 수 없었는데 노르웨이는 지금도 매년 900~1,000마리의 밍크고래를 잡고 있다. 과학적인 활동이 포경쿼터를 받아내는 근거가 된 대표적인 사례로 꼽힌다.

현재 노르웨이가 보유한 포경선은 30척 정도다. 일단 고래가 잡히면 가장 먼저 정부 소속의 인스펙터(Inspector)가 잡은 고래의 길이와 나이, 성별, 조직추출까지 마친 후에야 해체작업이 시작된다. 이러한 과학적 활동을 통한 정보축적이 다음 해에 고래쿼터를 받아내는 근거가 된다.

그런데 부자나라 노르웨이는 왜 고래를 먹을까? 물론 노르웨이 국민이 전부 고래고기를 먹는 것은 아니고 피요르드가 있는 노르웨이 북

스벤 푄 동상

노르웨이 포경의 중심지, 로포튼 제도

트롬쇠 항구에 있는 세상에서 가장 작은 포경선

앙증맞은 포경포

쪽 해안의 마을들은 농사지을 넓은 땅도 없는데다 여름에도 이끼류만 자라기 때문에 목축을 하기조차 쉽지 않다. 그래서 오래 전부터 노르웨이 북쪽의 피요르드 해안에 사는 사람들은 고래고기를 먹어 온 것이다.

촬영을 위해 포경포를 시험발사하는 장면

잡아온 고래는 일단 작업장에서 붉은 살코기에 붙어있는 하얀 색의 지방질을 떼어 낸다. 이들은 고래고기를 먹을 때도 빨간 살코기만 먹고 기름기가 있는 지방질은 먹지 않는다. 고래의 지방성분을 좋아하는 우리와는 정반대의 식성이다. 그렇게 발라낸 지방성분은 어떻게 하냐고 물어보니 다 버린다고 한다. 그래서 한국사람들은 오히려 고래의 지방부분을 더 좋아한다고 하자 그들은 공짜로 줄 테니 가져가라고 하는 것이 아닌가, 물론 한국에 가져올 수만 있다면 큰 돈이 될 수도 있겠으나 현재 국제법으로 고래고기를 상업적으로 국제유통하는 것은 금지돼 있다.

이곳 고래고기 공장장인 오게 에릭손씨는, 보통 밍크고래 한 마리에서 67% 정도의 살코기를 얻는데 이곳 로포튼 제도에 고래고기 생산공장이 4개가 있고 전국적으로는 7개가 있다고 한다.

노르웨이 북쪽섬 로포튼(Lofoten) 제도에서는 정육점에서 다른 육고기와 함께 고래고기를 파는 모습을 쉽게 볼 수 있다. 고래고기 1kg에 29크로나(4,000원)를 받는데 고래고기 매장 한 군데서 10~30kg 정도를 판매한

노르웨이 포경과 인스펙터 활동

다. 고래고기는 소고기 안심부위보다 부드럽고 신선할 땐 소고기나 돼지고기보다 잘 팔린다고 한다. 좋은 고래고기는 1kg에 109크로나(15,600원)까지 받을 수 있는데 결코 비싼 값이 아니라고 한다. 필자가 방문한 정육점은 육고기 전체 판매 중에 고래고기는 25~30% 정도 판매된다고 했다.

그리고 이곳엔 고래고기를 스테이크로 만들어 파는 전문식당도 있다. 고래고기를 소스에 버무려 재웠다가 일반적인 스테이크와 똑같이 불에 구워서 스테이크로 내놓는다. 고래고기 요리사는, "너무 익히면 안 되고 중심부가 핑크빛일 때 아주 맛있다. 참치와 소고기의 중간 맛으로 육질이 부드럽다. 나는 어릴 때부터 고래고기를 먹어 왔는데 저지방이라 건강에도 좋다."고 했다. 그가 만들어 준 고래고기 스테이크는 정말 맛있어 보였다. 그런데 직접 먹어 보니 보기와는 다르게 맛이 별로였다.

이처럼 고래고기를 좋아하는 노르웨이 북부 사람들은 고래잡이를 적극 지지한다. 필자가 만난 트롬쇠 대학교의 토레 하우그 박사는 "노르웨이의 포경역사는 천 년이나 된다. 고래는 인간이 존재해 온

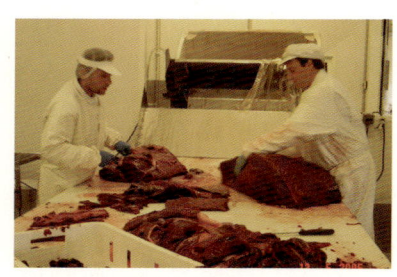
살코기에서 지방을 떼어낸다.

정육점의 고래고기

다른 육고기와 함께 고래고기를 판매하는 정육점

고래고기 스테이크

고래고기 스테이크를 맛보는 필자   고래고기 스테이크를 맛있게 먹는 현지인들

.순간부터 사냥해 왔다. 이곳에서 고래는 생활의 기초가 된다. 지구상의 고래는 계속 늘어나고 있으며 인간들에 의해 고래가 멸종된 적이 없다. 대왕고래(blue whale)조차 그 수가 늘고 있지 않은가, IWC는 운영위원회이지 보존위원회가 아니다. 노르웨이의 고래잡이가 고래연구의 근거로 쓰인다. 고래를 잡지만 고래연구와 서로 조화를 유지하고 있다.”고 했다. 노르웨이 바다에 밍크고래가 10만 마리가 넘는다고 하니 IWC 조차 포경을 금지할 명분이 딱히 없었던 모양이다.

일본의 포경

이웃나라 일본 또한 고래잡이에 대해 소위 진심인 나라다. 일본은 국제포경위원회(IWC) 회원국이면서 1987년부터 과학조사(Scientific Whaling)라는 명목으로 고래를 잡아 왔다. 한때 남극해에서 고래자원을 조사하더니 1994년부터는 북서태평양으로 조사영역을 넓혔다. 그야말로 전 세계 바다에서 고래자원을 조사하는 셈이다. 일본은 2019년엔 IWC를 탈퇴하고 본격적인 상업포경에 나섰는데 한 해에 잡는 고래만 500마리가 넘는다.

그들이 고래조사에 이토록 열정을 보이는 것은 고래고기를 얻고자 하는 의도도 있지만 전 세계 해양정보를 축적하고 해양과학의 깊이를 더하고자 하는 뜻도 있다. 왜냐하면 고래라는 동물이 먼 거리를 오가며 생활하기 때문에 고래가 바다의 상황과 변화에 대한 정보를 몸에 지니고 있기 때문이다. 사실 우리도 일본처럼 대양을 누비며 고래에 대한 조사를

일본의 고래잡이와 이에 반대하는 그린피스와의 해상전투

해야 하지만 그 엄청난 비용을 감당하기란 사실 쉽지 않다.

　일본은 과학조사란 명분으로 고래를 잡은 후 고래고기를 노르웨이처럼 시중에 판매한다. 그런데 노르웨이처럼 일본 또한 전 국민이 고래고기를 먹는 것은 아니고 혼슈 남쪽 와카야마현의 타이지(太地) 지방을 중심으로 주로 바닷가 사람들이 고래고기를 좋아한다. 그것도 젊은이들보다는 연세가 지긋한 어르신들이 즐겨 찾는다고 한다. 일본 타이지는 돌고래를 얕은 해안으로 몰아서 잔인하게 잡는 장면을 촬영한 영화 '더 코브(The COVE, 2009년 개봉)'에 등장하는 일본마을이다.

　필자가 타이지 마을을 방문했을 때 포구엔 고래를 잡는 포경선과 큰 고래박물관이 있었다. 울산 장생포처럼 일본에선 고래잡이를 대표하는 도시였다. 이 도시는 아이들의 학교급식으로 고래고기를 제공할 정도다. 하지만 일본 전체적으로는 고래고기 소비는 급격히 줄고 있다. 특히 고래고기를 맛본 적이 없는 젊은이들은 고래고기를 외면하기 때문이다.

　고래고기를 판매해서 과학포경의 비용을 마련해야 하는 일본포경협회(日本捕鯨協會)는 고래고기 판매를 늘리고자 최근에 세계유일의 고래고기 자판기를 개발해서 설치하기도 했다. 그러나 일본 환경단체와 동물보호단체로부터 "쇠퇴해가는 포경업계의 발악적인 판매 술책"이라고 욕을 한바가지 듣기도 했다.

　일본을 대표하는 고래학자 히데히로 가또 박사는 일본의 고래잡이에

타이지(太地) 포구와 포경선

일본의 고래고기 자판기 (출처 : 뉴스펭귄)

대해서 이렇게 말했다. "고래라는 바다동물은 크고 위대하기 때문에 잡지 말자 또 수가 적으니까 잡지 말자라는 것은 한쪽 면만 보는 것이다. 고래와 인간은 여러 가지 관계가 있고 그 관계는 나라마다 시대마다 달랐다. 고래 또한 인간에겐 필요한 자원이었고 식량원이었다. 고래라는 자원에 대해 지킬 것은 지키면서 이용할 것은 이용하자는 것이 원칙적인 사고 아닌가? 그러기 위해 납득할 수 있는 조사결과를 통해 고래자원을

영화 '더 코브(The Cove)' 감독과 프로듀서 울산 방문, 2010년

확인하고 그 바탕 위에 이용한다는 생각이 맞다. 한 나라나 한 그룹이 고래를 독점하는 일은 없어야 한다."

고래의 보호

2005년엔 울산에서 세계포경위원회(IWC) 제57차 총회가 열렸다. 우리나라에서 개최된 첫 IWC 총회였다. 또 그 해에 울산 장생포에 고래박물관이 개관되면서 울산이 고래도시라는 명성을 얻게 되었다. 그리고 IWC 총회 기간 중에 고래잡이를 반대하는 그린피스 활동가들이 그들의 상징과도 같은 배 '레인보우 워리어(Rainbow Warrior)'호를 타고 울산 장생포를 방문했다.

그 때만 해도 장생포엔 도로를 따라 고래고기를 파는 식당들이 제법 많았는데 그린피스 활동가들은 그 식당과 멀지 않은 곳에서 고래보호 캠페인을 펼치기도 했다. 다행히 양측 간에 충돌은 없었지만 고래고기를

장생포항에 정박한 레인보우 워리어호

파는 집들이 그린피스 사람들을 좋게 볼 리는 없었다.

그린피스 인터내셔널 해양운동가 짐 위켄스는 당시 캠페인 현장에서 마이크를 잡고 이렇게 힘주어 말했다. "우리는 지역어민과 싸우자는 게 아니다. 해양환경을 보호하자는 것이다. 이것은 어민들에게도 좋다. 우리는 지역어민과 한 배를 탄 것이다. 이제 샷(shot)은 고래를 향해 작살을 쏘는 게 아니고 카메라의 셔터를 누르는 것이다."

그린피스 활동가 마틸다 브래드쇼(Matilda Bradshaw)는 필자와의 인터뷰에서 "고래는 지구상에서 가장 오래 살고 있는 동물이다. 또 신비하게도 바다에 사는 포유류다. 그 몸집의 크기도 경이롭지만 머리가 아주 영민하고 똑똑해 매력적인 동물이다. 이제는 고래를 단순히 먹는 것과 수산자원의 대상으로만 볼 것이 아니라 함께 살아가야 할 동시대의 생명체로서 인식했으면 한다."고 말했다. 그리고 덧붙이기를 "고래고기를 샘플링해서 분석해 본 결과 상당수의 고래고기에서 중금속이나 환경호르몬이 발견되고 있다. 이런 오염물질들은 고래의 두꺼운 지방층에 장기간 축적되는데 이런 분석을 통해 우리는 고래가 해양생태계의 건강성 정도를 과학적으로 유추할 수 있는 지표동물이라는 점을 간과해서는 안 될 것이다"

우리 동해에 살고 있는 밍크고래는 북태평양의 다른 밍크고래와는 유전적인 특성이 다른 J-개체군이라고 불리는데 현재 2천 마리 이하가 생존 있는 것으로 추정된다. 그러나 우리나라에서만 밍크고래가 해마다 70마리 정도가 그물에 혼획되고 있다. 이렇게 많은 밍크고래가 계속 혼획 된다면 조만간 이들은 멸종에 직면할지도 모를 일이다. 동해안의 울산-포항-영덕 앞바다는 고래의 고속도로라 할 정도로 고래이동이 많은 곳이다. 그래서 이 일대를 해양보호구역으로 지정하여 특정한 시기에 특정 형태의 어업을 규제하자는 주장도 있다.

울산 장생포에서 출항하는 고래바다여행선이 동해에서 돌고래떼를 발견하다.

고래바다여행선을 타면 보게 되는 동해의 돌고래떼

고래잡이를 그린 가장 오래된 그림 (18세기 초)

고래해체 작업

일제강점기
우리 바다의 포경선

고래잡이 시절,
집채만한 고래를 보며
신기해 하는
장생포 아이들

06 고래잡이의 시대 **277**

한 때 장생포에서 가장 인기가 많았던 고래고기집이었는데 문닫은 지 꽤 오래 된 듯 보인다.

노르웨이 트롬쇠는 북위 70도선 윗쪽에 해당하는, 북극권에서는 가장 큰 도시다.

장생포 고래문화특구

장생포 고래체험관의 돌고래

돌고래와 필자

일본 와카야마현 타이지의 범고래 훈련장

입을 벌리고 먹이를 달라는 타이지의 범고래

트롬쇠는 북극점을
정복하기 위해
아문젠이 출발한 곳이다.

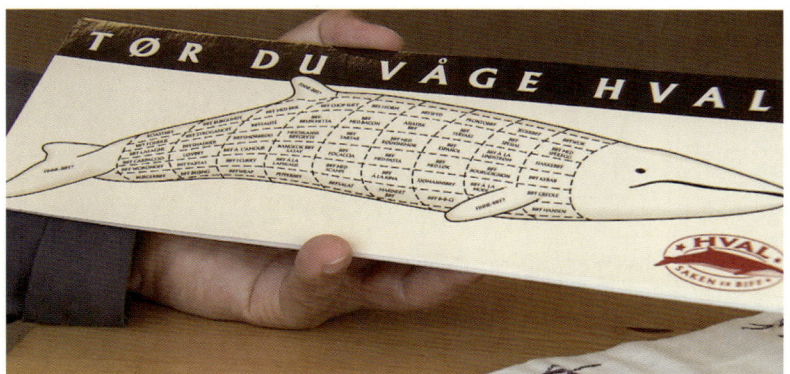

고래고기를 부위별로 표시한 노르웨이 정육점의 안내 자료

7편

고래이야기

07
고래이야기

향고래 이야기

　고래를 분류할 때 가장 크게 나누는 방법은 수염고래와 이빨고래로 나누는 것이다. 귀신고래와 혹등고래처럼 대부분의 큰 고래들은 수염고래에 속하는데 반해 향고래와 범고래 그리고 돌고래는 이빨고래에 속한

향고래

다. 이빨고래 중에서 가장 덩치가 큰 고래가 바로 향고래다. 향고래의 이빨은 윗턱에는 없고 아래턱에만 좌우 각각 20~26개씩 있는데 원뿔 모양의 이빨이 가지런히 붙어있다.

향고래는 수컷이 암컷보다 덩치가 훨씬 크다. 그래서인지 수컷이 여러 암컷을 거느리는 일부다처의 번식형태를 가진다. 향고래의 꼬리날개는 은행잎 모양인데 꼬리의 모양을 보고 개체를 식별하기도 한다. 일본의 고래학자들이 향고래 몸에 송신기를 달아서 알아보니 향고래는 하루 24시간 중 절반 이상을 물속 깊이 잠수하며 지내는 것으로 밝혀졌다.

허먼 멜빌(Herman Melville)이 1851년에 쓴 소설, '백경(Moby Dick)' 속의 흰고래는 선천적으로 하얀 피부를 갖고 태어난 향고래를 말하는데, 허먼 멜빌은 이 소설을 단순히 상상으로 쓴 게 아니라 스스로 포경선에서 일했을 때 경험 혹은 실제로 본 승무원 이야기를 기초로 해서 썼다고 한다.

영화 '모비딕'(1956년)의 장면들

고래가 숨을 쉬면서 물을 뿜는 분기는 그 모양이 종류별로 다르기 때문에 멀리서도 고래 종류를 알 수 있는 단서가 된다. 수염고래들은 좌우 2개의 분기구멍을 통해 숨을 쉬는데 반해 이빨고래인 향고래는 숨을 쉬는 분기가 하나밖에 없다. 그것도 머리 앞쪽에서 왼쪽으로 치우쳐있어 분기할 때는 물줄기가 전방으로 비스듬하게 튀어나온다.

흔히 바다의 로또라 불리는 '용연향(龍涎香)'은 수컷 향유고래의 위에서 만들어지는 딱딱한 돌 같은 것으로 먹이가 소화되지 않고 뭉친 부분을 밖으로 토해낸 것이다.

옆으로 비스듬히 물을 뿜는 향고래의 분기

용연향(龍涎香)

보통 이 용연향은 대왕오징어, 생선, 상어의 사체와 담즙이 뭉쳐진 성분인데 향고래의 대장 속에 있다가 똥과 함께 배설되기도 한다. 그리고 주된 먹이인 대왕오징어의 입이 그 안에 섞여있는 경우가 많은데 오징어의 입은 아주 단단해서 천천히 소화되거나 소화가 안 되는 경우도 많다.

용연향을 알코올에 녹이면 물질이 추출되면서 향료로 변하는데 향 성분을 오래가게 만드는데 탁월한 성질이 있다. 그래서 오늘날 화장품 회사에서 이 용연향을 비싸게 구입하는데 무게 당 가치가 금보다 더 비싸다고 한다.

향고래와 우주선

고래를 포함하는 포유류 중에서 물속에서 숨을 안 쉬고 가장 오래 버틸 수 있는 동물은 누굴까? 정답은 향고래다. 과연 얼마나 오랫동안 숨을 참을 수 있는지에 대해선 정확한 기록은 없다. 학자들의 말로는 향고래는 보통의 경우 30~50분 정도, 최대 1시간 30분까지 물속에서 숨을 참을 수 있다고 한다.

이빨고래 중에서 가장 덩치가 크고 또 오랫동안 물속에서 버틸 수 있기에 향고래는 다른 고래는 꿈도 못 꾸는 특별한 먹이를 먹는다. 바로 물속 1,000m 깊이에 산다는 대왕오징어다. 향고래는 수면에서 공기를 깊이 들이마시고는 물속 1,000m 깊이까지 내려가 튼튼한 이빨로 대왕오징어를 사냥하는 것이다.

대왕오징어를 사냥하는 향고래 (출처 : Teresa Coppens)

그런데 그 깊은 곳에서 대왕오징어를 사냥하려면 숨 참기 외에 또 하나 해결해야 할 문제가 있다. 바로 수압(水壓)이다. 수심 1,000m만 내려가도 수압은 수면보다 100배나 높다. 수심 500m의 수압은 최신 잠수함조차 견디기 쉽지 않다. 그런데 향고래는 어떻게 그 깊은 바다의 수압을 견딜까? 사실 그 기능의 비밀에 대해서 이런저런 주장들이 있지만 그 중 2가지 정도만 소개하면 이렇다.

한 가지 이론은, 향고래가 깊은 바다의 수압을 견디는 비밀은 짱구처럼 툭 튀어나온 향고래의 머리에 있다. 향고래는 깊은 물속으로 내려가면서 머리의 향유를 자신의 몸속으로 계속 보내면서 혈관의 수축을 막고 수압을 견디도록 하는 것이다. 반대로 물 위로 급하게 떠오를 때는 몸속에 퍼져있던 향유를 천천히 머리로 다시 모으면서 혈관이 갑자기 이완되는 것을 막는다. 이 신비로운 향유 덕분에 향고래는 인간이 상상조차 할 수 없는 능력을 갖게 됐다는 것이다.

다른 이론은, 향고래는 높은 수압을 견디기 위해 폐 속의 공기를 체액 속에 녹여 모세혈관을 통해 조직으로 운반한다. 운반된 산소는 조직 안에서 미오글로빈과 결합하는데 높은 수압 때문에 근육으로 혈액 공급이 차단이 되면 근육 내의 미오글로빈에 저장된 산소로 생체기능을 유지한다는 것이다. 수면으로 돌아올 때는 폐가 점차 확장되고 체액 속에 용해되어 있던 질소가 폐 속으로 나온다. 이런 작용 때문에 향고래는 수중의 높은 압력에서도 오랫동안 숨을 쉬지 않고 먹이를 사냥할 수 있다는 것이다.

어쨌거나 향고래는 수심 1,000m까지 내려간 다음 대왕오징어를 찾아 한판 싸움을 벌이고 사냥한 대왕오징어를 입에 물고 다시 물 위로 올라와야 하는데 그 모든 과정을 1시간 안에 해치우려면 향고래는 얼마나 빨리 물속을 오르내려야 할까? 만약 사람이 그렇게 한다면 폐가 견디지도 못할뿐더러 잠수병에 걸려 살기 어려울 것이다.

향고래의 머리에는 하얀 줄이 얼기설기 그어져 있는 경우가 많은데 이게 바로 대왕오징어와 한판 사투를 벌렸다는 흔적이다. 향고래가 대왕오징어를 이빨로 공격하면 대왕오징어는 긴 다리에 달린 무수한 빨판으로 향고래의 머리를 칭칭 감는데 그 빨판으로 인한 상처가 향고래의 머리에 남게 되는 것이다.

향고래 머리에 있는 대왕오징어 빨판의 흔적 (출처 : 누상촌(樓上村))

　수심 1,000m 아래는 햇빛도 없고 수온도 0도에 가까운 극한 환경인데도 향고래의 향유가 굳지 않고 제대로 기능을 한다는 것도 놀라운 일이다. 그리고 보면 향고래의 향유는 최고의 자연윤활유인 셈이다. 그래서 향고래의 향유는 우주에서도 사용되는 유일한 동물성기름이기도 하다.
　미국의 나사(NASA)는 달과 화성 탐사에 사용되는 원격 조종 차량(ROV)과 허블 우주 망원경 그리고 보이저 탐사선(1977년 발사)의 윤활유로 향고래의 향유를 사용한다고 알려지기도 했다. 아이러니하게도 보이저 탐사선에는 혹등고래의 노래가 담긴 디스크가 실려 있다. 외계인을 만났을 때 혹등고래의 노래가 가장 친근한 인사가 될 것이라는 생각에서였다. 보이저호의 끝없는 항해와 함께 몇 세대가 지나도록 고래의 소리가 우주의 저 먼 곳까지 여행하게 될 것이다. 그리고 보면 우주 저 너머의 또 다른 생명체를 발견하는데 고래가 기여하는 바가 적지 않음을 알 수 있다.

허블 우주 망원경과 보이저 탐사선

우주탐사선 보이저1호와 2호는 1977년에 발사됐다. 이 탐사선에는 지름 30cm 크기의 골든 디스크가 탑재됐는데 우주에 존재할지 모를 생명체에게 지구를 소개하기 위해 이 디스크 속에 혹등고래의 울음소리와 세계각지의 대표음악을 수록했다. 2025년 6월 현재, 보이저 1호는 초속 17km의 속도로 지구로부터 약 208억km 떨어진 곳을 항해 중이다.

향고래 만큼이나 대왕오징어를 좋아하는 사람들이 있다. 바로 대한민국 사람이다. 캘리포니아반도와 멕시코 본토 사이에 코르테스(Cortes) 바다가 있는데 이곳 수심이 1,000m에서 2,000m 정도로 아주 깊다. 그래서 이 바다에 대왕오징어가 많이 산다. 이곳 코르테스 바닷가에 '산타 로사리아(Santa Rosalia)' 라는 작은 마을이 있고 이곳에는 한국인이 운영하는 오징어 가공공장이 있다. 이 공장에서는 코르테스 바다에서 잡은 대왕오징어를 얇은 오징어포로 가공해서 모두 한국으로 수출하고 있다. 우리나라 큰 마트에서 파는 오징어포의 겉봉지에 '원산지-멕시코산' 이라고 적혀 있는 게 많은데 대부분 여기 산타 로사리아 마을에서 온 것이라 보면 된다.

냉전을 허문 귀신고래

고래가 세계사를 바꾼 일도 있다. 1980년대는 '동서냉전(東西冷戰, Cold War)' 즉 미국과 당시 소련의 이념대립과 체제경쟁이 최고조에 달했다. 그런데 이 동·서 냉전을 종식하는데 가장 큰 기여를 한 주인공이 누굴까? 바로 고래다. 그것도 귀신고래다.

때는 1988년 10월 7일, 북극해를 바라보는 미국 알래스카 베로우(Barrow) 마을의 한 어부가, 꽁꽁 언 바다 위에 생긴 작은 얼음구멍에, 머리를 내밀며 가쁜 숨을 쉬고 있는 귀신고래 세 마리를 발견했다. 그 중에 한 마리는 새끼고래였다. 북극의 찬바람에 바다가 얼기 전에 서둘러 남쪽으로 갔어야 했는데 이 귀신고래 가족은 미처 빠져나가지 못했던 것이다.

날씨는 급속히 추워지고 바다 전체가 단단한 얼음으로 덮여가고 있는데 그 작은 얼음구멍마저 얇은 얼음으로 채워지고 있었다. 그 구멍마저도 얼어버린다면 귀신고래들은 물 밖으로 숨도 못 쉬고 물에 빠져 죽을 처지였다. 귀신고래들은 코와 머리로 얼음구멍의 얇은 얼음을 뚫는다고 고래의 머리와 코는 피부가 다 벗겨질 정도였다.

얼음에 갇힌 귀신고래 (출처 : Jack Smith)

이 소식을 알게 된 이웃의 큰 도시 주민들과 환경단체 사람들이 이곳을 찾아왔다. 그들은 톱과 곡괭이로 숨구멍을 더 넓히기 시작했다. 이 사연이 지역 언론에 실리면서 미국전역과 또 전 세계로 알려졌다. 그러면서 얼음구멍 속의 귀신고래가 살았는지 죽었는지가 지구촌의 관심사가 되기 시작했다.

긴 꼬챙이로 얼음구멍을
넓혀주고 있는 사람들

영화 '빅 미라클(Big Miracle)'의 한 장면
(출처 : Universal Pictures)

귀신고래들이 갇힌 곳에서 얼음이 얼지 않은 바다까지는 약 8km, 사람들은 귀신고래가 이동하면서 숨을 쉴 수 있도록 꾀를 냈다. 얼음 위에 180m 간격으로 일렬로 숨구멍을 하나씩 뚫어 주었다. 그런데 날씨가 너무 빨리 추워져 바다 속까지 다 얼어붙는 바람에 고래들의 이동은 불가능했다. 고래들을 물 밖으로 건져내서 트럭에 실어 얼지 않은 바다로 옮긴다면 모를까 고래들을 살릴 방법은 없어 보였다.

그런데 고래들을 살릴 한 가지 방법은 남아 있었다. 바로 쇄빙선이었다. 쇄빙선이 와서 얼음을 깨고 고래들이 헤엄칠 수 있는 물길을 만든다면 고래는 살 수 있지 않겠는가. 그런데 그 당시 베링해와 북극해 인근에 쇄빙선은 미국엔 없었다. 바다 건너 소련에만 있었던 것이다. 미국과 소련이 서로 원수같이 으르렁거릴 때라 섣불리 도와 달라 말하기도 쉽지 않았다.

그런데 이 와중에 사람이 톱으로 파놓은 얼음모서리에 얼굴을 긁힌 새끼고래가, 상처가 깊었는지 그만 죽고 만다. 이 소식을 접한 미국인들은 물론 전 세계인들이 고래를 살려내라고 목소리를 높였다. 이젠 나머지 귀신고래들의 삶도 장담할 수 없었다. 이런 위급한 상황이 되자 급기야 미국 대통령은 전화기를 들어 소련에 도움을 요청한다.

소련은 미국의 요구에 응했을까? 북극해의 10월은 하루가 다르게 기온이 뚝뚝 떨어졌다. 바다의 얼음은 점점 두꺼워지고 고래들이 숨 쉬는 작은 얼음구멍은 사람들이 시간 단위로 깨지 않으면 금세 얼어버릴 정도였다. 쇄빙선이 언제 올까? 과연 쇄빙선이 오기라도 하는 것일까? 고래도 사람도 더 이상 버티기 힘든 한계상황에 이르렀다. 귀신고래의 생사가 오락가락하던 그 순간, "뿌웅~" 묵직한 뱃고동 소리를 울리며 수평선 얼음 위로 두둥~ 쇄빙선이 나타났다. 소련이 보내준 쇄빙선이었다. 그것도 한 척도 아니고 두 척이나 보내왔다.

사람들은 일제히 환호성을 질렀다. 육중한 쇄빙선은 얼지 않은 바다까지 8km 정도를 힘차게 얼음을 깨며 나아가 물길을 만들었다. 이 광경은 당시 26개국에 실시간으로 방송되기도 했다. 귀신고래가 발견된 지 20일이 지난 10월 28일, 가로막혔던 얼음장벽 가운데로 물길이 생기고 두 마리의 귀신고래는 쇄빙선이 뚫어놓은 물길을 따라 힘차게 헤엄쳐서 바다로 나아갔다. 구출에 성공한 것이다.

이 극적인 사건 이후로 냉랭했던 미국과 소련의 긴장관계가 차츰 무너지고 두 나라 간에 대화와 화해의 분위기가 조성되었다. 그로부터 3년 뒤인 1991년 12월에 소비에트연방이 해체되고 길었던 동서냉전이 종식되었다. 동서냉전이 와해되는 결정적인 시작의 주인공은 바로 귀신고래였다. 이렇듯 고래는 세계의 역사를 바꾼 동물이기도 하다.

당시 미국의 대통령은 로널드 레이건이었으며 실질적으로 美國무성이 구(舊)소련에 정식으로 쇄빙선을 요청했다고 한다. 그 당시 얼음구멍에서 죽은 고래는 태어난 지 아홉 달 정도 된 새끼고래였고 남아있는 2마리의 고래에겐 보닛(Bonnet)과 크로스빅(Crossbeak)이라고 이름이 붙여지기도 했다. 얼음을 깨고 고래를 구출한 소련의 쇄빙선은 애드미럴 마카로(Admiral Makarov)였다. 이 구조작업에는 백만 달러 이상의 비용이 들었다고 하는데 당시 소련이 미국에게 그 비용을 청구했는지는 알 수 없다. 귀신고래 구출사건은 2012년에 '빅 미라클(Big Miracle)' 이라는 제목의 영화로 만들어지기도 했다.

영화 '빅 미라클(Big Miracle)'의 포스터(2012년), (출처 : 위키피디아)

영화 '빅 미라클(Big Miracle)'의 한 장면 (출처 : Universal Pictures)

최초로 사육된 고래 JJ 이야기

고래도 사육할 수 있을까? 그런데 실제로 그런 일이 있었다. 1997년 1월에 미국 캘리포니아 해변에서 부모를 잃은 채로 발견된 어린 귀신고래가 있었다. 이 고래는 몸길이 4m에 체중이 680kg에 불과했고 영양실조와 저혈당증으로 인해 완전히 탈진해서 죽어가고 있었다. 발견 직후 샌디에이고 씨월드(Sea World)로 옮겨졌고 전문가들이 24시간 정성껏 돌봐주었다. 그러자 어린 귀신고래는 차츰 건강을 회복했다.

이 어린 귀신고래가 자연으로 돌아갈 때까지 샌디에이고 씨월드에서 돌보면서 사람들은 이 고래를 'JJ' 라고 이름 지었다. JJ는 씨월드에서 지내는 동안 관람객들에게 많은 사랑을 받았고 고래학자들의 연구에도 큰 도움이 되었다고 한다.

수족관 속의 귀신고래 JJ (출처 : 샌디에이고 씨월드)

귀신고래 JJ를 돌보면서 사람들은 야생적응을 위해 야생의 귀신고래들이 내는 주파수 소리를 들려주는 훈련도 꾸준히 진행했다. 구조되고 약 15개월 뒤에 몸무게 7t에 몸길이 약 9.5m로 성장한 JJ는 1989년에 극지방 바다에 방류되었다. JJ는 인간이 사육한 가장 거대한 해양 포유류라는 기록을 남겼다.

JJ가 발견 당시 새끼였고 귀신고래의 수명이 50~70년이니 이변이 없다면 현재까지도 잘 살아있을 가능성이 높다. 사실 JJ 몸에 추적장치를 부착했지만 며칠 뒤에 스스로 떼버려서 추적이 불가능했다.

일본의 고래영혼제

대한해협을 사이에 두고 울산과 마주하고 있는 일본의 도시가 야마구치현 나가토시(長門市)다. 이곳 또한 울산 장생포처럼 일본 서해안의 대표적인 고래잡이 도시다. 그런데 여기 나가토시 인근에 '코간지(向岸寺)' 라는 절이 있는데 이곳에는 아주 드물게 고래무덤이 있다.

고래무덤을 만들게 된 연유에 대해 나가토시 포경자료관 시라이시 마사토 관장이 들려준 얘기는 이렇다. 지금부터 300여

나가토시의 코간지(向岸寺)

고래무덤 전경 　　　　　고래묘비

고래사당 내부의 위패

년 전, 여기 코간지에 새로 오신 주지스님이 산요(讚譽春随)스님이었는데 그는 주민들에게 생물을 죽이지 말라고 설법했다. 불교를 숭상했던 이곳 어부들은 스님 말씀을 따르긴 따라야겠는데 그러나 생계를 유지하기 위해선 생물을 죽이지 않을 수가 없었던 것이다. 그래서 어부들의 딱한 처지를 알게 된 스님이 이런 제안을 한다. "어쩔 수 없이 죽여야 한다면 여러분들이 잡은 고래가 극락에 가도록 기원을 하자" 그래서 코간지 경내에 고래 묘를 만들게 된 것이다.

그렇다면 그들은 고래 묘에 무엇을 묻었을까? 고래 뼈를 묻었을까? 고래 뼈만 해도 덩치가 엄청나게 큰데 과연 고래 뼈를 묻을 수 있었겠는가? 그래서 이곳엔 고래 뼈가 아닌 고래태아가 묻혀있다. 어부들이 어미 고래를 잡아와 해체하면 뱃속에서 고래태아가 나왔는데 이미 죽은 고래태아는 바다에 놔줘도 살 수도 없고 몸속에서 나온 것을 되돌릴 수도 없지 않은가, 아직 태어나지도 않은 생명에 대한 미안함 때문이었을까? 사람들은 고래태아를 고래 묘에 매장했던 것이다. 현재까지 이 고래 묘에 매장된 고래태아는 모두 72마리라고 한다.

일본사람들은 기록과 정리에 꼼꼼하다. 이곳 코간지에는 잡힌 고래들에 대한 세세한 기록인 고래과거첩(鯨鯢過去帖)도 전해져온다. 이 과거첩은 지금부터 200여 년 전

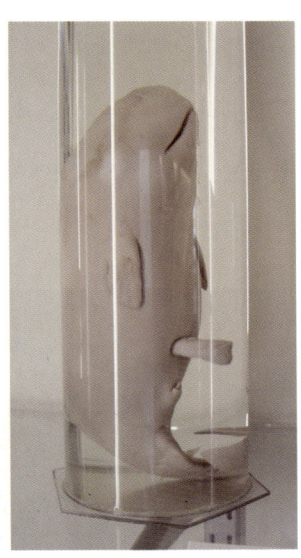

고래태아, 일본 타이지 고래박물관

인 1804년에 시작된 기록인데 고래과거첩에는 죽은 고래의 이름, 고래의 종류와 몸길이, 고래가 잡힌 날짜, 고래를 잡은 회사의 대표자 이름까지 적혀있다. 이 고래과거첩에 적힌 고래는 전부 120여 마리인데 죽은 고래에게 인간과 똑같이 이름을 지어줬다고 한다.

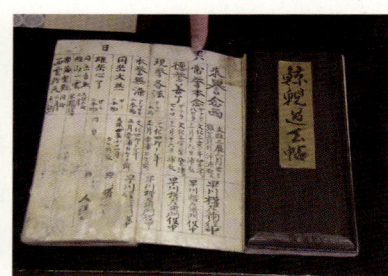

고래과거첩(鯨鯢過去帖)

코간지에서는 고래가 잡힌 날짜를 기일로 삼아서 고래첩에 적힌 모든 고래에 대해 일 년에 한번 성대하게 고래위령제를 올린다. 위령제에서 가장 중요한 것은 전해져오는 고래과거첩을 부처님 앞에 드리는 의식이다. 그럴 때면 이 마을 고래소리보존회 사람들이 풍어를 축하하는 고래소리를 한다. 고래소리를 할 때면 으레 피리 징 북 사미센 등으로 함께 연주를 하지만 위령제에서는 북만 쓴다고 한다. 위령제를 올리던 옛날 사진을 보면 사람들이 노래를 하면서 박수를 치는 것 같지만 사실은 박

고래위령제

손바닥을 비비며 고래소리 하는 사람들

수를 치는 게 아니고 단지 손을 비빌 뿐이다. 고래를 잡았다는 기쁨을 억제한다는 뜻이라고 한다.

먼 과거로부터 야마구치현 나가토 사람들에게 고래는 중요했다. 고래 한 마리를 잡으면 경제적인 가치가 컸기 때문에 고래로 인해 사람들은 경제적으로 풍요로웠다. 이곳 바다에서 고래를 잡는 시기는 매년 가을부터 이듬해 4월까지였고 고래사냥이 끝나는 4월 하순에 고래진혼제를 크게 지내왔던 것이다.

고래조사와 해양정보

1800년대 고래를 한창 잡을 때, 유럽의 포경선들이 전 세계 바다를 누비며 해도를 그리고 바닷길을 개척하고 이름 없는 섬들을 발견했던 것이 나중에 서구 열강들이 식민지를 개척하는 기초자료가 되었다. 그런데 오늘날에도 고래는 중요하다. 왜냐하면 고래는 전 세계 바다에 대한 다양한 해양정보를 담고 있기 때문이다.

일본이 고래를 잡는다는 비난을 감수하고도 남극해와 북태평양에서 고래를 잡는 이유도 고래를 통해 바다에 대한 정보를 얻고자 함이다. 필자가 촬영차 동경에 있는 일본원양수산연구소를 방문했을 때, 고래관리실의 히데요시 요시다 박사는 슈퍼컴퓨터가 돌아가는 모니터에서 눈을 떼지 못했다. 그는 "남극바다의 밍크고래 분포에 대해 현재 시뮬레이션 작업이 진행 중인데 밍크고래가 전체 남극해에 어느 정도 있는지 계산하고 있다"고 했다. 여러 조건을 입력하고 그에 따른 추정치가 정밀한지 평가하는 작업이었다. 사실상 전 세계 바다를 대상으로 고래조사를 하고 있는 일본은 이런 고래연구를 통해 해양정보를 축적하고 해양과학의 깊이를 더하고자 하는 것이다.

그런 측면에서 보면 상업포경을 하고 있는 노르웨이도 마찬가지다. 노르웨이에서 고래를 통해 해양연구를 하고 있는 곳은 노르웨이 북쪽의

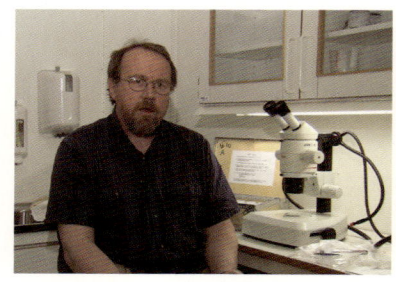

토레 하우그 박사

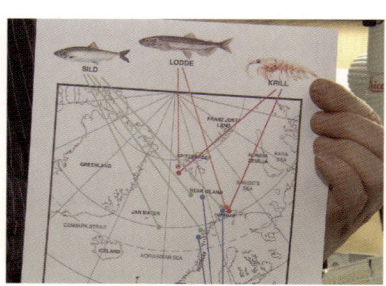

그가 보여 준 고래먹이 분포 지도

멕시코 리에브레라군의 귀신고래 조사

 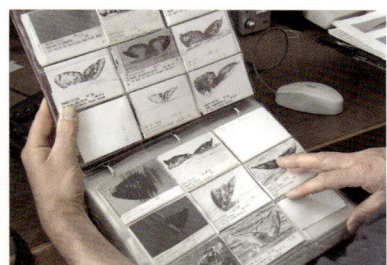

귀신고래를 조사하는 웨인 페리만 박사

트롬쇠 대학이다. 북대서양에서 고래가 잡히면 정부 소속의 인스펙터가 고래의 체세포와 유전인자를 이곳 트롬쇠 대학교로 보내온다. 그러면 이 대학에서는 고래의 체세포와 유전인자에 간직된 수많은 해양정보를 찾는 것이다.

이 대학 해양연구학과 토레 하우그 박사는 "고래먹이가 해마다 달라진다는 사실을 알게 됐는데 고래 위장에서 청어가 많이 발견되는 해가 있는가 하면 어떤 해에는 전혀 다른 물고기들이 다량으로 발견되기도 한다. 이것은 해마다 달라지는 바다온도의 변화가 청어의 이동과 직접적인 관련이 있다고 본다. 따라서 고래 위장은 해양생태계를 알 수 있는 거울이다"고 했다.

귀신고래는 회유시기와 회유경로가 항상 일정하다보니 매년 반복되는 그 움직임의 변화를 통해서 바다 속의 변화라든지 나아가 지구환경 변화의 큰 추세도 알 수 있다. 그래서 멕시코 리에브레라군의 해양포유류 학자들은 매일 라군에 나가서 발견되는 귀신고래의 숫자를 기록한다.

미국 캘리포니아 샌시미언 해변에서도 미국학자들이 해안을 지나가는 귀신고래의 숫자를 꼼꼼히 조사하는데 숫자의 많고 적음을 통해서 해양생태에 무슨 일이 일어나고 있는지 알고자 하는 것이다.

미국 해양포유류연구소 웨인 페리만 박사는 필자와의 인터뷰에서 이렇게 말했다. "1998년에는 엘리뇨 현상으로 바다온도가 높았다. 이 때문에 베링해와 축치해의 귀신고래의 먹이가 줄어들었고 귀신고래들은 수온이 더 낮은 고위도까지 올라가야 했다. 그런데 이듬해인 1999년엔 반대로 라니냐 현상이 일어났다. 라니냐는 바다의 온도를 더 차갑게 만드는데 이로 인해 북극해의 빙산이 아주 천천히 녹았고 여름에 북상하는 귀신고래들이 북극해의 먹이장까지 못가는 경우가 많았다. 특히 새끼를 밴 암컷들이 북극의 바다에서 충분히 먹지 못하는 바람에 새끼 낳을 능력이 많이 떨어졌다는 것을 알게 됐다. 그 해는 물론 이듬해까지 먹이를 충분히 먹지 못한 고래들의 사망률이 높았고 2001년도에 가서야 먹이가 다시 회복되면서 사망률이 감소하기 시작했다."

이처럼 귀신고래 관찰로 북극빙하의 변동 상황과 그로 인한 해양 수온의 변화, 나아가 지구 전체의 기후변화까지 감지할 수 있는 것이다. 고래연구는 곧 해양연구와 직결된다. 그것은 고래가 최상위동물로서 해양에 대한 다양한 정보를 간직한 동물이기 때문이다. 21세기 해양패권을

우리바다에서 고래자원 조사

쥐기 위해 해양강국들이 앞다퉈 고래조사에 몰두하고 있는 지금, 우리도 이에 뒤지지 말아야 할 것이다. 우리나라는 1999년부터 우리바다의 고래자원을 조사해 오고 있지만 여전히 고래에 대한 정보량은 부족하다. 한국유일의 고래연구소는 2002년에 탄생했지만 해양과 수산과학에 매진할 젊은이조차 구하기 쉽지 않은 상황이다.

8편

좌충우돌 고래촬영기

08

좌충우돌 고래촬영기

고래를 촬영하기 위해, 또 암각화를 촬영하기 위해 많은 나라들을 다녔다. 그런데 고래가 오는 곳이라든지 암각화가 있는 곳은 항상 사람들이 사는 곳과 거리가 먼 오지(奧地)였다. 그 먼 오지를 오가면서 어찌나 고생을 했던지 지금도 나는 그곳을 가자고 하면 고개를 절래절래 흔든다. 그 오지에서 촬영하면서 있었던 잊지 못할 얘기들이 많았다.

죽은 사람도 살린 우리 민간요법

산프란시스코 산맥

멕시코의 고래암벽화를 촬영하기 위해 우리 촬영 팀이 캘리포니아반도에 있는 산프란시스코 산맥의 깊은 협곡을 찾았을 때의 일이다. 그곳은 마치 미국 애리조나에 있는 그랜드 캐니언의 축소판 같은 곳이었다. 넓은 평원 아래로 깊이 파인 협곡이 있었는데 협곡 입구 마을에서 협곡 아래까지는 당나귀를 타고 서너 시간을 내려가야 했다. 또 협곡에 도착해서도 고래그림이 있는 곳까지는 계곡 길을 따라 오르락내리락하며 또 몇 시간을 가야 했다. 하루 종일 말을 탄다는 것도 쉬운 일이 아니었다. 더군다나 평탄한 길이 아니고 경사가 급하고 험한 산길이었기에 말을 탔지만 걷는 것만큼 힘들었다.

우리 촬영 팀의 최군

고래그림이 있는 곳에 도착했을 땐 해가 뉘엿뉘엿 넘어가고 있었다. 우리 촬영 팀의 촬영 보조를 맡고 있던 최 군은 몸이 100kg이 넘는 거구였다. 그 날 당나귀를 처음 타는 최 군은 꽤나 힘들었던가 보다. (물론 최 군이 탄 당나귀는 더 힘들었겠지만) 그 날 저녁식사는 바비큐였는데 숯으로 불을 피워 고기를 구우니 골짜기 전체에 고기냄새가 퍼지고 맛있는 냄새에 다들 침을 꼴깍 삼켰다.

드디어 식사가 시작되었다. 그런데 웬걸, 최 군이 배가 고팠는지 저녁식사로 나온 고기를 허겁지겁 먹는다. 그 때 마침 내가 한국에서 가져온 창란 젓갈이 생각나서 그걸 건네주며 "맛있게 무라이~" 그랬더니 창란 젓갈이 얼마나 식욕을 돋웠는지 최 군은 고기 위에 젓갈을 듬뿍 얹어서 정말 맛있게 먹었다. 한국을 떠나온 지도 꽤 됐으니까 젓갈 맛이 얼마나 그리웠을까, 최 군은 그렇게 후딱 저녁을 해치운 후 "저는 먼저 잡니다" 하며 텐트 속으로 들어갔다. 촬영감독과 나는 피워 놓은 모닥불 가에 앉아 밤하늘의 별도 보면서 이런저런 얘기를 나누었다.

그런데 한 시간쯤 지났을까, 텐트에서 최 군이 갑자기 엉금엉금 기어 나온다. 그러더니 고통스런 표정을 지으며 "이 피디님 숨을 못 쉬겠어요" 그러는 게 아닌가, 이게 웬 날벼락인가, 최 군의 얼굴을 보니 핏기가 없이 하얗다. '햐 이거 큰일 났구나' "정신 차려라!" 우리는 최 군의 몸을 흔들어봤지만 그는 점차 의식을 잃어가고 있었다.

이 날 암각화 투어에 우리와 함께한 외국인들까지 와서 보고는 "오 마이 갓!"을 외쳤다. 나는 우리를 안내한 현지 멕시코인에게 구조헬기를 빨리 불러달라고 했다. 그러나 그는 어깨를 들썩이며 이 근처엔 헬기가 있을만한 도시도 없는데다 있다 해도 이 밤에 이 골짜기까지 올 수도 없다고 했다. '이거 어떡하나? 먼 외국에까지 와서 남의 귀한 자식 어떻게 되는 거 아닌가?' 자꾸 불길한 생각만 들었다.

그런데 우리와 함께 온 외국인 한 사람이 자신이 메딕(Medic) 출신이라면서 하얀 알약을 물에 타 와서 마시게 하라고 했다. 그건 소화제 대신으로 마시는 탄산을 만들어내는 거품알약이었다. 우리는 그 소화제 물약을 마시게 했다. 그런데 차도가 전혀 없었다. 최 군의 손을 보니 가운데가 점차 파란색으로 변했다. 피가 잘 통하지 않는다는 증거였다.

그 때 머리에 퍼떡 드는 생각이 '최 군이 체했구나, 급히 먹은 음식 때문에 탈이 난 게 분명해' 이럴 때 우리가 어머니로부터 배운 민간요법!

바로 손가락을 따는 것이었다. "손을 따자!" 라고 외치며 나와 촬영감독 그리고 통역 코디 미키정, 우리 세 사람은 바늘을 찾았다. 그런데 웬걸, 이런 사막 한가운데 무슨 바늘이 있단 말인가, 낭패다 어쩐다지?

그런데 그 때 우리 눈에 들어온 건? 바로 선인장! 그곳이 사막지역이라 우리 주위엔 온통 선인장뿐이었다. 그리고 선인장의 날카로운 가시들~ 나는 칼을 가지고 선인장의 가시를 떼냈다. 선인장이 얼마나 컸던지 가시가 대바늘만 했다. 그리고 촬영감독인 김 감독이 가시로 최 군의 손가락을 땄다. 가시로 푹 찌르자말자 손가락 위에서 검붉다 못해 시커먼 피가 퐁퐁 솟아올랐다. 지켜보던 외국인들이 "오 마이 갓!" 을 더 크게 외치며 사람 잡는다고 말렸다. 그래도 우리는 꿋꿋하게 바늘로 최 군의 손가락을 콕콕 쑤셔댔다. 수천 년 내려온 우리 전통의학에 대한 믿음이랄까.

근데 열손가락을 다 따도 최 군은 차도가 없었다. "이젠 발가락이다!"

바하캘리포니아의 선인장들

우리는 그의 양말을 벗기고 이번엔 발가락을 하나씩 따기 시작했다. 얼마나 심하게 체했길래 발바닥조차도 가운데가 시커멓게 변해 있었다. 발가락 위를 바늘로 쿡 누르자 역시 시커먼 피가 퐁퐁 쏟았다. 그렇게 우리는 열 손가락과 열 발가락을 다 땄다. 그리곤 우리는 최 군에게 물을 들이키도록 하고 옆에 담요를 깔아 셔츠 단추도 풀어주고 편하게 눕혔다. '최 군이 깨어나지 않는다면? 아이고 나는 이젠 죽었구나' 하는 생각 뿐이었다. '그래도 이젠 할 건 다했다. 우리 어머니의 실력을 믿어보자. 어찌 되겠지.'

근데 잠시 뒤, 누운 최 군이 숨을 좀 고르게 쉬는 것 같았다. 그러더니 30분쯤 지났을까, 최 군이 부스스 일어난다. 그리고선 "와 피곤하네, 이 피디님 무슨 일 있었습니까?" 그런다. 나는 능청스레 고개를 절레절레 흔들며 "무슨 일? 아무 일 없었다, 니 몸은 좀 괜찮나?" 물으니 "제가 많이 피곤했었나 봅니다" 하면서 다시 텐트 속으로 걸어 들어가 자는 게 아닌가, 최 군은 자기가 저승 갔다 온 줄도 모르고 그날 밤 텐트 안에서 우렁차게 코를 골면서 잘도 잤다. 하~ 우리 전통 의술이 이렇게 사람을 살리다니, 조상들의 지혜를 다시 한 번 느끼는 순간이었다.

문제는 다음날 아침이었다. 텐트에서 일어난 최 군이 짜증을 부린다. 녀석은 제 손가락과 발가락이 쑤시면서 아파죽겠다는 것이었다. '선인장 가시로 그렇게 세게 피를 땄는데 안 아프고 배기겠냐?' 우리는 시치미를 뚝 떼고 모른 척했다. 그는 입으로 손가락을 호호 불며 왜 이리 아프냐고, 누가 이랬냐고 한바탕 난리를 피웠다. 물에 빠진 사람 구해줬더니 보따리 내놔라 한다더니 다 죽어가는 인간 살려줬더니 손가락 발가락 아프다고 징징대는 꼴이라니.

어쨌든, 이 이야기는 우리 촬영팀에겐 두고두고 잊지 못할 얘기꺼리가 되었다. 요즘도 최 군을 가끔 보는데 그는 날 보면 멋쩍게 웃는다. "우리가 니 생명의 은인이야, 그 때 안 그랬으면 넌 지금 이 세상사람 아닐 수도 있었어." 그러면 최 군은 고개만 꾸뻑 숙이고는 그냥 가버린다. 하여튼 이 날 사건은 우리 전래의 민간요법이 죽은 사람도 살린다는 걸 멕시코와 외국인들에게 널리 알린 사건이기도 했다.

고래사냥꾼의 마을, 라브렌티야

우리 다큐멘터리의 가장 중요한 임무는 귀신고래 촬영이었다. 매년 여름이면 캘리포니아 귀신고래들은 미국과 러시아 사이에 있는 베링해로 모여든다. 우리는 그 귀신고래들을 찾아 베링해를 향한 대장정에 나섰다.

"이제 귀신고래를 만나러 북쪽으로 가즈아~" 우리 촬영팀은 부산 김해공항에서 러시아 블라디보스톡으로 가는 비행기를 탔다. 승객은 대부분

추코트 베링해의 마을, 라브렌티야

러시아 사람들이었는데 그 중에서도 비행기 안을 가장 떠들썩하게 하는 건 러시아 아주머니들이었다. 한국말에도 능통한 아주머니들은 극동 러시아와 한국을 오가며 장사를 하는 소위 '보따리 장사꾼'이었는데 극동 러시아 지역의 한국산 과자와 생필품들은 거의 이 아주머니들이 공급하는 것 같았다.

비행기는 3시간쯤 날아서 블라디보스톡 공항에 도착했다. 우리는 블라디보스톡에서 러시아 돈으로 환전도 하고 또 수중촬영 전문가도 섭외했다. 그 날은 블라디보스톡에서 잠을 잤다.

베링해가 있는 러시아 가장 동쪽 땅, 추코트주(州)의 수도는 '아나디르(Anadyr)'다. 다음날 우리는 아나디르로 가기 위해 러시아 비행기에 몸을 실었다. 블라디보스톡을 출발한 비행기는 연해주와 오호츠크바다를 무려 4시간 넘게 날아서 오호츠크해의 북쪽 항구 도시 '마가단(Magadan)'에 도착했다. 마가단에서 비행기가 재급유를 마친 후 다시 하늘로 떠올랐는데 이번에는 창밖 풍경이 완전히 다르다.

하늘에서 본 툰드라

땅엔 나무 한 그루 보이지 않고 온통 옅은 초록의 벌판뿐이었다. 7월인데도 군데군데 녹지 않은 눈이 남아 있기도 했다. '와, 툰드라가 이런 곳이구나' 도시는 물론 민가 한 채 보이지 않는 땅 위를 무려 4시간이나 날아서 우리는 추코트주(州)의 수도, 아나디르 공항에 도착했다.

비행기에서 내려 처음 눈에 들어 온 것은 황량한 벌판이었다. 그리고 그 때가 7월말이었는데도 바깥은 추웠다. 정말 지구의 끝에 와있는 느낌이었다. 주(州)수도였지만 도시는 보이지 않았다. 아나디르 도시는 공항에서 큰 만(灣)의 건너편에 있었다. 눈으로는 보였지만 거리가 멀었다. 배를 타고 최소 30분은 건너가야 도착할 거리였다. 우리는 공항 인근의 허름한 아파트의 방 하나를 빌려서 촬영 스탭들이 거기서 잠을 잤다.

다음날, 공항엔 쌍발 프로펠러 비행기가 한 대 보였다. 우리가 타고가야 할 비행기였다. 이 비행기는 사람이 타는 여객실과 짐칸의 구별이 없었다. 사람들이 먼저 앉고 발밑과 복도공간에 짐을 채웠다. 일주일에 한

아나디르와 라브렌티야를 오가는 쌍발 비행기

번 오가는 비행기라 그런지 손님은 만원이고 비행기 앞과 뒤쪽의 복도공간은 물론 비행기 천장까지 짐을 쌓았다. 귀가 떨어져 나갈 정도로 큰 엔진 소리를 내며 드디어 비행기는 출발했다. 아나디르에서 2시간을 넘게 동쪽으로 비행한 후 우리는 무사히 베링해를 마주하고 있는 마을, '라브렌티야(Lavrentiya)' 에 도착했다.

공항활주로는 비포장이었다. 인구 천명도 채 되지 않을 것 같은 작은 회색빛 도시, 건물들이 띄엄띄엄 서있고 5층 높이의 아파트도 몇 개가 보였다. 러시아 추코트주와 미국의 알래스카 사이에 있는 베링해, 그 베링

고래 사냥꾼의 마을, 라브렌티야

툰드라 벌판과 베링해

해를 바라보는 유라시아대륙 가장 끝 마을이 바로 이곳 라브렌티야다.

앞으로는 베링해이고 뒤로는 끝없는 툰드라의 대지가 펼쳐져 있었다. 라브렌티야는 일명 고래잡이들의 마을이라 불린다. 여름이면 미국과 캐나다의 해안을 따라서 이곳까지 올라온 귀신고래들이 집중적으로 먹이활동을 하는 곳이다. 이 때 이 마을사람들은 바다로 나가 귀신고래를 사냥하는 것이다. 그래서 이 마을은 이웃도시 로리노(Rolino)와 함께 추코트에서는 대표적인 고래잡이 마을이다.

우리 촬영을 도와주기로 한 이 마을 고래사냥꾼인 블라드미르 씨의 집에 우리는 짐을 풀었다. 블라드미르 씨는, "여기서 배를 타고 1시간 정도를 달리면 베링해를 건너게 되고 거기 미국 땅에 가서 햄버그를 먹고 돌아올 수도 있다"고 웃으며 말했다. 우리는 이 마을에서 고래를 촬영한

공항 건물 앞 공터에서 여권과 짐 검사를 하는 장면

우리를 마중 나온 고래사냥꾼 블라드미르 씨

다고 열흘 동안 지내야 했고 왔던 길을 다시 되돌아 이 오지마을을 빠져 나가는 것이 얼마나 힘든지를 나중에야 알게 됐다.

툰드라 벌판에 핀 이름 모를 꽃

드디어 추코트를 떠나다!

라브렌티야
공항 청사

우리는 귀신고래 사냥과 고래를 먹는 그들의 독특한 식(食)문화, 그리고 고래축제를 촬영하고자 라브렌티야 마을에 열흘 정도 머물렀다. 계획된 촬영을 마치고 다음 촬영지인 사할린섬으로 가기 위해 8월의 어느 아침, 우리는 촬영장비와 개인 짐들을 꾸려서 라브렌티야 공항으로 갔다. 공항의 활주로는 학교 운동장보다 조금 더 길었고 비포장이었다. 그런데 웬걸, 이 날 하루 종일 기다려도 우리가 타고 갈 비행기가 오지 않았다. 공항 사람은 날씨가 안 좋아 쌍발 프로펠러 비행기가 오늘은 못 온다고 했다. 어쩔 수 없이 우리는 짐을 챙겨 우리가 묵었던 고래사냥꾼의 집으로 다시 들어갔다.

그다음 날은 날씨가 아주 좋았다. '오늘은 오겠지'라고 기대를 했지만 그 날 역시 비행기는 오지 않았다. 비행기가 작아서 하늘에 조금만 구름이 끼거나 바람이 세게 불어도 결항이 된다고 했다. 우리는 라브렌티야를 떠나 추코트주(州)의 수도인 아나디르에서 블라디보스톡으로 가는 비행기를 예약해 놨는데 까딱 잘못하면 그 비행기를 놓칠 판이었다. 라브렌티야에서 사흘째 비행기를 기다리던 날, 흙먼지 날리는 라브렌티야 공항에 트럭 한 대가 테니스장 로울러를 매달고 왔다 갔다 하며 땅을 다지고 있었다. 드디어 오늘은 비행기가 오는가 보다, 그러나 웬걸 그 날도 비행기는 오지 않았다.

라브렌티야 학교

　비행기를 기다리는 동안 우리는 이 작은 마을에서 딱히 할 일이 없었다. 30분이면 동네 한 바퀴를 다 돌 수 있었다. 우리는 동네 이곳저곳을 돌고 또 돌았다. 고래 촬영할 때는 못 본 것들이 눈에 띄었다. 이 동네에 학교가 있었다. 복도가 있는 작은 건물, 그 앞에 작지만 학교운동장이 있었고 학교 건물엔 벽화처럼 아이들의 웃는 얼굴들이 그려져 있었다. 당시엔 여름방학이라 학교엔 아이들이 아무도 없었다. 이 마을에서 제일 화려한 건물은 러시아정교회 건물이었다. 정교회의 예배당 내부는 여기저기 금색으로 화려하게 장식을 해놓았다.

　이 마을엔 5층 정도 높이의 큼지막한 아파트들이 많았는데 아파트 내부엔 엘리베이트가 없었고 아파트 계단과 복도는 조명이 없어 어두컴컴했다. 도시도 아닌데 왜 아파트에 살까? 그 이유는, 이곳은 일 년 열두 달 중 여덟 달은 눈으로 덮여 있다. 특히 겨울철에 눈이 많이 오면 밖으로 나갈 수가 없을 정도라고 한다. 그래서 각 아파트 1층 입구에는 작은 생필품 판매점이 하나씩 있었다. 파는 물건들은 보잘 것 없었지만 그래도

라브렌티야의 아파트와 아파트 입구에서 노는 아이들

밖을 나갈 수 없을 때에는 이 가게에서 라면과 빵 등을 사먹는다고 한다.

이 마을 한가운데는 꽤 큰 광장이 있었는데 거기에 어떤 인물의 흉상이 있었다. 바로 레닌의 흉상이었다. 페레스트로이카 이후로 구소련 공산당의 상징인 레닌의 동상이 많이 사라진 줄 알았는데 이 마을엔 아직 레닌이 영웅의 모습으로 남아있었다. 이 마을이 바깥세계와 얼마나 동떨어져 있는지 알 것 같았다.

이 광장 뒤에는 이 마을에서 제일 크다는 슈퍼마켓이 있었다. 우리는 바다에서 고래촬영을 하고 오면 항상 마을에서 제일 큰 이 가게를 찾았다. 그런데 이 가게의 진열장 제일 가운데, 그것도 제일 높은 곳에 이 마을에서 제일 비싼 과자가 놓여 있었다. 우린 그걸 볼 때마다 신기했다. 그건 바로 우리나라 과자회사가 만든 '빼빼로'였다. 한국과자의 인기가 얼마나 대단한지 그저 신기하게만 느껴졌다.

비행기를 기다리던 우리는 그렇게 마을 이곳저곳을 기웃거리며 다녔다. 언제 올지 모르는 비행기를 기다리는 그 시간들이 어찌 그리 힘들었던지, 당시 계절은 여름이었지만 내가 옷을 다섯 벌이나 껴입을 정도로 추코트의 여름은 우리에겐 추웠다. 그러다가 드디어 라브렌티야 공항에 비행기가 도착했다. 예정된 이륙 날짜보다 무려 일주일이나 늦게 온 것이다.

이제 이 동토(凍土)의 마을을 떠나는구나, 우리는 비행기에 방송장비

드디어
라브렌티야를
떠나다!

와 개인 짐을 우겨넣고 여객실과 짐칸이 구분이 안 되는, 옛날 우리의 시골버스와 같은 낡은 비행기에 몸을 실었다. 비행기 안엔 가축도 몇 마리 보였다. 어릴 때 봤던 흑백영화의 한 장면 같았다. 그래도 귀가 떨어져 나갈 정도로 시끄런 엔진소리를 내며 비행기는 하늘로 떴고 2시간을 비행한 뒤 우리는 추코트주(州)의 수도, 아나디르에 도착할 수 있었다.

우리는 공항에 내리자마자 블라디보스톡으로 가는 비행기를 찾고자 발권데스크로 뛰어갔다. 그런데 우리가 블라디보스톡으로 가기로 예약했던 비행기는 며칠 전에 이미 떠난 뒤였고 블라디보스톡 가는 다음 비행기는 5일 뒤에 온다고 했다. 이를 어쩌, 발권담당 아가씨는 그 전에 혹시 임시 비행기가 올 수도 있으니 우리를 보고 공항을 떠나지 말라고 했다.

추코트는 유전과 천연가스의 개발로 러시아에서는 제법 부유한 주(州)라고 하나 워낙 북쪽에 위치하다보니 주(州) 수도인 아나디르는 인구 만 명도 채 안 되는 시골도시였다. 그 인구도 눈이 오는 겨울이면 몇 천 명 수준으로 확 줄어든다고 한다. 우리가 아나디르시(市)를 가려면 공항이 있는 곳에서 배를 타고 30분 정도, 큰 만(灣)을 건너가야 했다. 어쩔 수 없

아나디르시

었다. 마침 우리 카메라감독이 가지고 온 텐트가 있어서 우리는 공항대합실에 텐트를 쳤다. 그리고 그 날 밤은 텐트 속에서 잤다.

그런데 밤에 깨어보니 시골의 버스대합실 같은 공항대합실에서 잠을 자는 사람들이 제법 많았다. 알고 보니 아나디르 공항에서 모스크바나 블라디보스톡으로 오가는 비행기가 일주일에 한 번 다니는데, 주변 시골 지역의 주민들이 그 비행기를 타려고 며칠 전부터 공항대합실에 와서 비행기를 기다리는 것이었다. 며칠이 지나니 점점 많은 사람들이 몰려들어 나중엔 공항에 앉을 자리조차 없었다.

드디어 5일이 지나 우리가 타고 갈 비행기가 오는 날, 우리는 일치감치 발권데스크 앞에 줄을 섰다. 그런데 비행기가 올 시간이 다 돼 가는데 티켓팅을 하는 줄이 줄어들지 않는다. 뭔 일인가 싶어 발권창구에 가보니 담당아가씨가 모든 티켓을 일일이 손으로 적어가면서 작성하고 있었다. 한사람 발권 하는데 족히 20분은 걸렸다. '하~ 세상에 아직도 이런 곳이 있구나.'

그래도 우리는 이를 악물고 기다리고 기다려 드디어 발권을 하고 도착한 비행기에 짐도 싣고 우리도 비행기에 올랐다. 이륙을 위해 비행기가 활주로를 달릴 때 '이제 이 지긋지긋한 시베리아를 떠나는구나' 감격의 눈물이 날 것만 같았다. 우리가 탄 비행기가 힘찬 엔진 소리를 내며 활주로를 내달리기 시작했다. 그런데! 활주로를 잘 달리던 비행기가 풍선에 바람 빠지듯 속도를 늦추더니 급기야 활주로에 서버렸다. 뭔 일일까? 술렁대는 승객들의 소리가 점점 커질 때쯤, 승무원이 승객들을 다 내리라고 한다.

비행기를 내리면서 승무원에게 물어보니 비행기가 활주로를 달리며 가속을 하는 중에 엔진에서 불길이 솟았고 그걸 관제탑에서 용케 보고는 급히 비행기를 멈췄다고 한다. 엔진수리를 한 다음에 출발해야 하니 다음날 출발할 수밖에 없다고 했다. 이런! 우리는 이 상황을 안타까워해야 할지 다행이다 해야 할지 복잡한 맘으로 공항에서 하룻밤을 더 보낼 수밖에 없었다. 공항대합실로 돌아온 우리가 다시 텐트를 펼치려는 그 순간, 기적 같은 일이?

섭외력이 뛰어난 현지가이드, 비딸리 씨가 공항 직원인 듯한 아가씨와 한참 얘기를 나누고 오더니 오늘은 공항 사무실에서 잠을 잘 수 있게 됐다는 것이다. 오잉? 이게 웬 떡인가? 거기다 승무원 휴게실에서 샤워도 할 수 있다고 하면서 다만 공항경비원에게 들키지만 않으면 된다는 것이었다. 그동안 공항대합실의 화장실 세면대에서 겨우 고양이 세수만 하고 살았던 우리는 쾌재를 불렀다.

밖이 어둑해지고 공항직원들이 다 퇴근을 하고난 다음, 우리는 살금살금 승무원 휴게실로 몰래 들어가 신나게 샤워를 했다. 한국을 떠나온 후로는 제대로 샤워를 못했으니 거의 한달 만에 샤워를 하게 된 것이다. 샤워 후, 개운한 몸과 맘으로 우리는 공항 청사 내 긴 복도의 중간쯤에 있는 어느 사무실로 숨어 들어갔다. 일단 책상과 의자들을 다 끌어 모아서 간이침대를 만들었다. 잠자리를 마련한 것이다. 사무실의 불은 켤 수 없었다. 불을 켜놨다가 공항경비라도 와서 우릴 발견하면 쫓겨 날 것이 분명했기 때문이었다.

밤이 깊어도 창밖은 아직 훤했다. 북극지방의 여름엔 백야(白夜)현상으로 밤이 깊어도 밖은 어슴푸레할 정도였다. 나와 촬영감독, 그리고 비딸리는 이런저런 얘기를 나누다가 막 잠이 들려는 순간, 조용한 복도 쪽에서 무슨 소리가 들린다. "쉿!" 뭔 소리일까? 열쇠꾸러미가 철컹거리는 소리로 봐서 공항경비원이 순찰을 도는 소리였다. 그는 사무실마다 손잡이를 돌려보고 또 문을 흔들어보기도 했다. 그가 우리 쪽으로 점점 다가오면서 열쇠꾸러미가 철거렁거리는 소리, 발자국 소리, 문 흔드는 소

아나디르 공항 최근 모습

리가 점점 더 크게 들렸다.

정말 우리는 숨죽인 채 간이 콩알만 해졌다. 마침내 경비원은 우리가 있는 사무실 앞에 도착했다. 그는 사무실 문을 열려고 하는지 열쇠꾸러미를 몇 번 만지작거렸다.

문이 열리는 순간 우리는 끝장인데... 등에서 식은땀이 흘렀다. 그는 열쇠를 못 찾았는지 사무실 문을 몇 번 흔들어보고는 우리가 있는 사무실을 지나쳐 갔다. 그의 발자국이 멀어져 갈 때쯤 우리는 휴~ 하고 크게 숨을 쉴 수 있었다. 위기를 넘긴 우리는 의자를 붙여 만든 불편한 잠자리였지만 그나마 조금 쾌적한 공간에서 시베리아의 마지막 밤을 보냈다.

다음날, 드디어 블라디보스톡으로 가는 비행기를 타고 무사히 블라디보스톡 공항에 도착할 수 있었다. 그 다음날 일찍 사할린으로 들어가는 비행기를 타야 했기에 그날 저녁엔 블라디보스톡 공항 앞 호텔에 짐을 풀었다. 그 날 맘껏 샤워도 하고 푹신한 침대에 누워보는 정말 천국 같은 밤을 보냈다.

한국귀신고래를 만나기까지 - 험난한 과정

끝없이 펼쳐져 있는 사할린 필튼만의 벌판

 드디어 한국귀신고래를 만날 시간이 다되었다. 그런데 한국귀신고래는 매년 여름, 러시아 사할린섬의 북쪽에서만 볼 수 있다. 우리 촬영팀이 사할린섬의 주도(州都)인 유즈노 사할린스크(Yuzno Sahallinsk)에 도착한 때가 2004년 8월경, 유즈노시에서 하룻밤을 지낸 우리 촬영팀은 다음날 아침, 유즈노 사할린스크역으로 달려갔다. 한국귀신고래가 온다는 사할린섬의 필튼만은 유즈노시에서 북쪽으로 무려 1,200km나 떨어져 있었다. 한반도로 따지면 부산에서 두만강까지 가야 하는 먼 거리였다. 다행히 유즈노시에서 북쪽도시 '노글리키(Nogliki)'로 가는 열차가 매일 한 차례 다니고 있었다.
 그런데 역에 도착해보니 아뿔싸! 열차표를 구하기가 힘들었다. 당시 사할린섬 북쪽에서 대규모의 천연가스가 발견되면서 채굴작업이 한창이었는데 북쪽 도시 노글리키로 가는 가스회사 근로자들이 열차를 이용하는 바람에 빈자리가 없었던 것이다. 그래도 우리는 혹시나 환불표가 있지 않을까 싶어 방송장비를 역 대합실에 쌓아놓고는 하루 종일 표 파는 창구 앞을 떠나지 못했다. 열차는 저녁 7시에 떠나는데 우리는 저녁 6시까지 표를 구하지 못했다.

그런데 열차출발이 임박해서 현지가이드인 비딸리 씨가 또 한 번 실력을 발휘했다. 기차출발 직전, 그는 표 4장을 들고 우리를 향해 달려왔다. 출발 직전에 누군가 환불을 하는 바람에 표를 구했다는 것이었다. 우리는 급하게 열차를 탔다. 그런데 문제는 우리가 촬영장비를 포함해 짐이 너무 많았다. 짐이 많으면 비행기처럼 오버차지(over charge)를 물어야 했다. 당시 제작비가 넉넉지 못한 상태라 돈을 아끼고 보자는 생각에 우리는 4인용 침대칸에 짐을 우겨 넣었다. 침대 아래와 침대 위 선반 등에 장비를 숨기고 그 위에 담요를 덮는 등 짐이 눈에 안 띄게 했다.

출발 전에 역무원이 검표를 위해 우리가 있는 침대칸을 찾아왔다. 우리는 각자 침대에 누워 몸으로 짐들을 등 뒤로 숨기면서 다행히 오버차지를 물지 않고 검표를 마쳤다. 차창으로 해가 뉘엿뉘엿 질 때 쯤, 덜커덩 하며 열차가 출발했다. 드디어 한국귀신고래를 찾으러 가는 대장정이 시작된 것이다. 기차가 유즈노시를 벗어날 때쯤 금세 바깥은 칠흑같이 어두워졌고 우리는 열차 안에서 대충 저녁식사를 해결하고 잠을 청했다.

그런데 잠을 잘 수가 없었다. 이건 영화에서 봤던 서양의 안락한 침대열차가 아니었다. 창문은 밤새 덜컥덜컥 소리가 나고 창틈으론 끝없이 찬바람이 새어 들어왔다.

바닥에도 구멍이 뚫렸는지 기차바퀴가 굴러가는 시끄러운 소리, 또 바닥에서도 찬바람이 계속 올라왔다. 그래도 자야 돼! 나는 옷을 더 껴입고 남아있는 담요까지 덮으며 잠을 자보려 했지만 제대로 잠을 이룰 수가 없었다. '아이고 이 나라는 왜 이 모양이야!'

유즈노에서 노글리키 가는 침대열차

침대칸 내부

눈을 떴는지 감았는지도 모를 밤을 보내고 나니 어느 듯 밖이 뿌옇게 밝아온다. 나는 일어나 열차 복도로 나가봤다. 근데 이건 뭐 솔제니친이 갇혔던 시베리아 수용소도 아니고 승객들이 수건과 칫솔을 들고 세면대와 화장실 앞에 긴 줄을 서 있었다. (*솔제니친: 소련 정권을 비판한 러시아 작가, 1970년 노벨문학상 수상) '와, 대책 없네~' 그런데 기차복도 끝에 온수 통이 보였다. 나는 온수 통을 기울여 컵에다 마지막 남은 온수를 받았다. 그리고 방에 놓여있던 맛없는 러시아 홍차를 타서는 한 모금 들이켰다. 따뜻한 물이 목구멍을 넘어가니 그나마 기분이 좀 나아졌다.

사할린 북쪽의 황량한 풍경

　노글리키까지 1,000km가 넘는다 해도 이젠 다 왔겠지. "언제 도착합니까?(러시아말로)" 승무원에게 물어보니 승무원 왈 "이제 절반 왔습니다.(러시아말로)" "웩!" '아니, 밤새 달려왔는데…' 그런데 창밖을 보니 열차 속도가 느려도 너무 느렸다. 이건 덜컹덜컹, 비포장을 달리는 시골버스 같은 속도로 달리고 있지 않은가, 또 가끔씩 정차하는 역에선 한참을 쉬었다 간다. 아마 마주 오는 열차를 기다리는 것 같았다. "와~ 속 터지네."

　사할린 북쪽으로 갈수록 사람 사는 마을은 거의 보이지 않고 나무가 듬성듬성 서있는 게 황량한 땅이었다. 그리고 공기는 습하고 대지는 축축한 느낌이었다. 우리가 노글리키역에 도착한 것은 점심시간이 지나서였다. 전날 오후 7시쯤에 출발했으니까 거의 18시간 정도 걸린 셈이다. 다시 타고 싶지 않은 사할린 침대열차였다. 그래도 인구도 많지 않은 사할린이라는 섬에 철도를 놓은 러시아라는 나라가 참 대단하다는 생각도 들었다.

　한국귀신고래가 산다는 사할린 북쪽의 필튼만은 노글리키에서 북쪽으로 거의 150km나 떨어져 있었다. 우리는 거기까지 우릴 실어다줄 차

사할린의 비포장도로

를 구해야 했다. 우리나라 작은 면소재지 같은 노글리키에서 가장 번화한 곳은 기차역 앞이었다. 지나가는 사람들에게 물어서 차를 수배하는 방법 밖에 없었다. 점심시간이 지날 때쯤, 현지가이드 비딸리 씨가 짐칸이 딸린 SUV 한 대를 섭외하는데 겨우 성공했다.

   차는 힘이 좋아 보이는 일본차였다. 우리는 짐칸에 방송장비와 개인 짐들을 싣고 드디어 필튼만으로 출발했다. 사할린 섬의 북쪽은 대부분 황무지 같은 땅이었다. 듬성듬성 나무들이 있었고 군데군데 습지 같은 호수들이 있었다. 도로는 비포장이었지만 우리가 탄 차가 4륜구동이라 그런대로 잘 달렸다. 그런데 재밌는 것은 도로는 비포장이었지만 그 비포장도로에도 속도제한을 알리는 표지판이 군데군데 있었다. 우리는 그 비포장도로를 끝없이 달렸다.

우릴 가로 막았던 강

족히 4시간은 달려온 것 같았는데 눈앞에 드디어 바다가 보였다. 우리는 바다를 끼고 해변의 황무지 같은 땅을 또 한참이나 달렸다. 그 길은 딱딱한 모래로 된 길이었기에 달리는 데는 문제가 없었다. 얕은 강물을 몇 번 건너고 우리의 목적지인 필튼만이 눈앞에 보이는 듯 했다.

그런데 큰 강이 우리 앞에 나타났다. 차는 강 앞에 멈추었다. 물가에 서니 강은 꽤 넓어보였지만 그리 깊지는 않았다. 그래서 나와 카메라감독은 바지를 걷고 물속으로 걸어 들어갔다. 물은 가장 깊은 곳이 내 허벅지 정도, 우리는 보란 듯이 걸어서 강의 건너편까지 갈 수 있었다. "갑시다!" 우리는 차 주인이자 운전기사를 보고 강을 건너자고 했다. 그런데 기사가 한참을 머뭇거리더니 건널 수 없다고 한다. 이 정도면 4륜구동차로 건널 수 있다고 우리가 설득했는데도 그는 엔진에 혹시라도 물이 들어오면 어떻게 하냐면서 버텼다.

우리는 운송비를 더 주겠다고도 했다. 그런데 이 차주가 고래 힘줄 같은 사람이었다. 못 간다고 끝까지 버텼다. 그는 최근 구입한 이 일본제 SUV가 조금이라도 고장이 날까봐 벌벌 떨었다. 환장할 노릇이었다. 목적지를 코앞에 두고 포기해야 하나? 카메라 감독과 나는 우리가 짐을 들고 걸어서 목적지까지 갈 수는 없는지 우리 앞을 한참이나 살펴봤지만 필튼만이 어디쯤 있는지 도저히 가늠할 수가 없었다.

한 시간을 넘게 설득을 했지만 그는 끝내 못 간다고 버텼다. 요즘은 핸드폰이라도 있어서 필튼만의 사람들과 통화라도 했다면 충분히 가능했겠지만 그 땐 그런 핸드폰도 없었다. 할 수 없이 우린 다시 노글리키로 돌아갈 수밖에 없었다. 4시간 넘게 갔던 길을 다시 4시간을 넘게 달려 노글리키로 되돌아왔다. 목적지엔 못 갔지만 우린 기사에게 약속한 운송비를 줘야했기에 손해가 막심했다.

노글리키에서 하룻밤을 보낸 다음날 아침, 모든 것이 그저 막막했다. 필튼만까지 가는 것도 문제지만 거기 도착해서도 문제가 많았다. 한국을 출발하기 전, 우리가 간다고 필튼만의 고래학자 데이브 웰러(Dave Weller) 박사에게 메일은 띄웠지만 우리는 도착하기로 약속한 날짜보다 일주일 이상 늦어지고 있고 또 도착 후에 현지에서 뭘 먹고 어떻게 잠을 자야하는지 이렇다 할 계획이 없었다.

나는 촬영감독과 필튼만에 도착한 후를 위해 우리가 뭘 준비해야 할 것인지를 다시 한번 확인했다.

우리의 계획
1. 잠은 텐트를 치고 잔다.
2. 끼니는 불을 피워 햇반이나 라면을 끓여 먹는다.
3. 불은 주변에 나무를 주워서 피운다.

"앗, 근데 가장 중요한 걸 빼먹었다. 뭘까?" "냄비가 없다!" "그렇지! 취사를 하려면 냄비가 있어야지" 우리는 급히 우리가 잠잤던 민박집 주인댁 부엌에 들어갔다. 거기 바닥이 구겨진 오래된 냄비가 있었다. 그 냄비를 달랬더니 공짜로는 안 된단다. 그래서 우리 돈 3천원쯤 주고 냄비를 샀다. 한국서 가져온 라면과 햇반은 있으니 마트에서 큰 생수를 사고 나니 준비 끝!

이제 차만 구하면 된다. 이번엔 더 큰 차가 필요했다. 우린 또다시 노글리키역 앞 계단에 앉았다. 아무 대책 없이, 그런데 가이드 비딸리 씨가 갑자기 지나가던 러시아 아가씨를 보고는 아는 척 인사를 한다. 아가씨도 비딸리를 잘 아는 모양이었다. 둘은 한참 러시아말로 얘길 나눈 후, 우리에게 돌아온 비딸리 씨가 하는 말이, 저 아가씨는 오래 전에 유즈노에서 노글리키로 오는 열차에서 처음 봤는데 정말 오랜만에 만났다고 한다. 그런데 중요한 것은, 그 아가씨의 지금 남자친구가 큰 트럭을 운전하는데 우리를 위해 남자친구에게 말해보겠다는 내용이었다. 오, 어쩌면 잘될 수도 있겠다.

한 삼십분을 기다렸을까? 탱크 같은 굉음을 내며 큰 군용트럭 한 대가 우리 앞에 떡 서는 것이 아닌가, 바퀴크기만 해도 어른 옆구리까지 올 정도였다. 그런데 그 차에서 아까 봤던 그 아가씨와 잘생긴 러시아 남자가 내리는 것이 아닌가, 그리고 그 남자는 거짓말처럼 우릴 필튼만까지 태워주겠다고 했다. '이런 기적 같은 일이!' 우린 왕복 운송비를 타협하고는 짐을 싣고 드디어 필튼만으로 출발했다. 이번 트럭은 승차감은 별로였지만 힘은 좋았다. 한참을 달려 어제 건너지 못한 강을 만났다. 하지만 우리가 탄 트럭은 마치 얕은 개울 건너듯이 가뿐히 건너는 것이 아닌가, "야호! 역시 트럭은 러시아산이 최고!"

거기서부터 길도 없는 해안백사장을 한참을 달려 드디어 작은 등대가 있고 오두막 몇 채가 보이는 곳에 도착했다. 그곳이 바로 우리의 목적지 필튼만이었다. 큰 트럭이 도착하니 오두막에 있던 사람들이 하나 둘 밖으로 나왔다. 그들은 미국과 러시아 고래연구자들이었다. 그리고 거기 한국사람이 있었다. 국립수산과학원 고래연구소의 젊은 청년, 김현우 박사였다. 그도 이 다국적 연구팀의 일원으로 참가하고 있었던 것이다.

필튼만까지
우릴 실어 준 트럭

필튼만 고래연구자들의 숙소 건물

우릴 환영해주는 고래연구자들

필튼만의 등대

등대지기의 집과 창고

어찌나 반갑든지 우리는 다국적 고래 연구자들과 일일이 악수하며 늦긴 했지만 우리 촬영팀이 약속대로 이곳에 도착했음을 알렸다. 미국의 고래전문가 데이브 웰러(Dave Weller) 박사가 이곳 필튼만 고래연구의 전체 책임을 맡고 있었는데 우리는 그와도 인사를 나누었다. 그는 형편없는 우리의 몰골을 보고는 "정말 잘 왔다, 온다고 고생 많았다"고 했다.

필튼만은 사할린 북쪽의 엄청난 크기의 만(灣)이었다. 우리가 도착한 곳은 그 만과 바다를 이어주는 유일한 물길이 있는 곳이었다. 여기에 작은 등대가 하나 있고 나무로 얼기설기 지은 등대지기의 오두막 같은 집이 두어 채 있었다. 날이 어두워지기 전에 잠자리를 마련하자 싶어서 우리는 가져온 텐트를 꺼내서 치고 또 밥을 해먹으려면 땔감이 필요하니 주변에서 땔감을 줍기로 했다.

그런데 이 오두막의 대장격인 웰러 박사가 날보고 오두막으로 잠시

필튼만과 오호츠크 바다를 연결해 주는 유일한 물길이 보인다.

들어오라고 했다. 오두막 안엔 큰 거실이 있고 여기저기 나무로 만든 이층침대가 있었다. 집은 허름했지만 실내는 난로를 피워서 그런지 따뜻했다. 웰러박사는 구석진 공간으로 나를 데려가더니, 빈 침대를 가리키며 우리 촬영팀이 전부 4명이니 여기 빈 침대 4개를 모두 사용하라고 했다. 마침 어제까지 이 침대를 사용했던 미국의 연구자 4명이 오늘 아침 이곳을 떠나는 바람에 우리가 잠잘 침대가 마련됐다는 것이다. 그리고 자기도 올해의 고래조사를 다 마치고 내일 이곳을 떠난다는 것이었다. 그러면서 다른 연구자들에게 우리가 바다에 나가서 고래를 촬영할 수 있게 배려하도록 얘기해 놓겠다고 했다.

나는 순간 눈물이 핑 돌았다. 여기 필튼만에 오기까지 정말 어렵고 힘든 길을 둘러둘러 왔는데 이곳에서 이런 환대를 받을 줄 생각지 못했기 때문이었다. 필튼만에만 오면 어떻게 되지 않겠나 하는 생각만으로, 소위 맨 땅에 헤딩하듯이 무작정 왔는데 웰러 박사는 우릴 기다리며 우릴 위해 나름대로 준비를 하고 있었던 것이다. 우리가 오기로 한 날짜보다 일주일 이상 늦게 이곳에 도착했는데도 말이다. 나는 웰러박사에게 연신 땡큐를 외치며 고마움을 표시했다. 내가 촬영스탭들에게 오두막 안으로 짐을 옮기자 말했을 때, 다들 얼굴에 '일이 잘 풀렸구나' 라는 안도의 웃음을 보며 나는 정말 기분이 좋았다.

그 날 필튼만의 저녁노을은 아름다웠다. 고래연구자들과 함께 따뜻한 고기국물과 빵으로 저녁식사를 했다. 식사자리에서 한국의 고래연구자 김현우 박사는 이렇게 말했다. "여기 일찍 왔어도 고래촬영은 못했을 겁니다. 지난주엔 바다상황이 안 좋아 일주일 내내 고래보러 바다에 나가지도 못했습니다." "그랬구나~."

식사를 마치고 내가 잠시 오두막 바깥에 나왔을 때, 나무에 불을 지펴 야외에서 밥을 해먹고 텐트에서 잠을 잔다는 게 얼마나 무모했는지 알

데이브 웰러 박사

저녁식사를 준비 중인 고래연구자

고래연구자들의 작업실

수 있었다. 8월 한여름이었지만 사할린섬 북쪽의 여름밤은 무지무지 추웠다. 텐트 안에서 침낭 속에 들어가 잠을 잔다 해도 견디기 쉽지 않은 추운 기온이었다. 나무로 불을 땐다는 것도 불가능했다. 이곳은 하루 종일 습기가 가득해서 저녁이면 나무들이 축축하게 젖어 있었다. 도저히 불을 피울 수 없었던 것이다. 그 때 그 낡은 오두막

우리가 머물렀던 낡은 오두막

의 창에 비치는 따뜻한 불빛은 세상 그 어느 불빛보다 아름다웠다.

하느님, 고래를 보내주세요!

 이 이야기는 종교적인 색채가 좀 있지만 종교가 다르더라도 좋은 뜻으로 들어줬으면 해서 이 글을 적습니다.

 겨울에 멕시코의 캘리포니아반도까지 내려온 귀신고래들은 3~4월부터는 북미 대륙의 서쪽 해안을 따라 북쪽으로 이동한다. 우리는 귀신고래의 회유경로를 촬영하기 위해 2004년 5월에 미국 캘리포니아주(州)의 몬트레이시(市)를 찾았다. 몬트레이시(市)는 육지 쪽으로 바다가 쑥 들어와 있는 큰 만(灣)의 안쪽에 있었다. 이맘때면 만의 안쪽으로 고래들이 찾아오는데 캘리포니아 모든 해변에서 가장 많은 고래를 볼 수 있는 곳이기도 하다.
 우리는 이 도시에 도착하기 전에 이곳 고래학자로부터 도움을 받기로

귀신고래가 회유하는 미국 캘리포니아 해변

약속돼 있었다. 도착한 다음날 우리는 부두로 나가서 그 고래학자의 제자 한 사람과 먼저 만났다. 그 제자는 우릴 보고 따라오라 하더니 관광객이 타는 고래관경선을 타라고 하는 것이 아닌가, 나는 "우리는 관광객이 아니다. 이곳 고래학자와 함께 고래연구선을 타는 걸로 알고 있다"고 했더니 그 제자의 말이, 이 관경선을 무료로 태워주는 것이 우리에게 제공되는 도움이라고 했다. "뭐? 이역만리에서 돈 들여 시간 들여 먼 길을 왔지만 약속했던 학자는 코빼기도 안보이고 관광객들이 타는 배를 태워주는 것이 배려라니" 나는 화가 머리끝까지 났다. 그렇지만 어쩔 수 없었다. 관경선을 공짜로 타는 것 말고 또 하나의 배려는 관경선의 2층 데크

몬트레이의 고래관경선

몬트레이만의 혹등고래

에서 촬영하도록 해주겠다는 것이었다.

하여튼 그 날 오전 10시에 우리가 탄 배가 출항했다. 얼마를 나갔을까, 혹등고래 가족이 보였다. 우리가 탄 배는 혹등고래와 나란히 달리며 혹등고래가 헤엄치는 걸 구경했다. 그러나 그것뿐이었다. 배에 탄 관광객들은 고래가 물 위로 몸을 드러낼 때마다 "와~" 하며 탄성을 질렀지만 방송 다큐를 찍는 우리에게 고래 등을 몇 번 보려고 시간과 돈을 들여 그 먼 길을 왔단 말인가, 나는 속이 하얗게 탈 정도였다.

낮 12시가 다가오자 배는 방향을 돌려 부두를 향한다. 관경배의 운항시간은 한번 나오면 2시간을 넘길 수 없다고 한다. 우리가 본 것은 혹등고래 등을 몇 번 본 것이 전부였다. 이런? 부두로 돌아온 우리는 앞이 캄캄했다. 멕시코의 라군에서 했던 것처럼 우리는 연구용 선박을 타고 고래가 있을만한 바다를 하루 종일 돌아다니며 고래를 촬영할 수 있을 줄 알았다. 그러나 이곳에서는 달랑 두 시간 동안 관경배를 타고 관광코스를 따라다니는 것이 우리가 할 수 있는 전부였다.

우리의 몬트레이 체류기간은 2박 3일이었다. 이제 내일 오전에 관경배를 한 번 더 타고 촬영을 하고나면 내일 오후엔 이 도시를 떠나야 하는 것이다. '하~ 큰일 났다. 그 멀리서 비행기 타고 차타고 여기까지 왔건만 혹등고래 등을 몇 번 본 거 말고는 더 이상 찍을 게 없다니' 우리가 별도로 보트를 빌려 바다로 나가려 해도 이곳엔 보트임대료도 비싼데다 연구용 배나 관경선이 아니고선 고래에 대한 접근도 금지돼 있었다. '큰일 났다! 고래영상 하나 제대로 못 건지고 무슨 낯으로 귀국한단 말인가' 나는 우리의 기대를 저버린 그 미국학자가 그저 야속하기만 했다.

다음날 아침, 일찍 눈을 떴다. 나는 잠도 안 오고 해서 우리가 묵는 모텔 마당을 서성거리며 왔다 갔다 하다가 저절로 손을 모으고 하늘을 보며 "하느님, 고래를 보내주세요!" 기도를 했다. 어릴 때 교회를 한두 번

몬트레이항의
바다사자들

우리가 만난
돌고래떼

다녀서 그런지 입에서 하느님 소리가 절로 나왔다. "하느님, 고래를 보내주세요!" 라는 말을 몇 번을 되뇌며 나름 기도라는 걸 했다.

그 날 아침을 먹고 항구로 나갔다. 배가 왔다 갔다 하는 몬트레이항에는 배들 사이로 바다사자들과 물개들 또 아메리카 해달이 헤엄치며 놀고 있었다. 항구가 그야말로 우리 눈엔 동물의 왕국 같았다. 우리를 배신했던 미국학자의 제자가 배시시 웃으며 또 관경배를 타자고 한다. '그래 가보자' 오늘은 이곳 촬영의 마지막 날, 우리는 힘없이 몬트레이 고래관경선의 이층 데크에 자리를 잡았다.

바다에 나온 지 한 시간쯤 지나도 어제 봤던 몇 마리 혹등고래조차 오늘은 보이지 않았다. '고래가 다 죽었구나' 그렇게 앉아 있는데 우리 옆으로 돌고래 몇 마리가 헤엄치는 게 보였다. '그래, 이가 아니면 잇몸이다. 돌고래라도 찍어보자' 그랬는데 좀 있으니까 우리 배 주변으로 돌고래가 자꾸 모여들더니 돌고래 수가 갑자기 2~3백 마리 정도의 큰 무리를 이루었다. 그러더니 우리 배 옆에서 공중제비를 하는 돌고래, 배 앞에서 파도를 타는 돌고래 등 수많은 돌고래가 우리 배와 나란히 헤엄치는 모습은 그야말로 장관이었다. 돌고래 떼는 한참을 우리 배와 함께 놀더니 서서히 사라졌다.

그런데 내 눈에 저 멀리 수평선에서 물기둥이 솟는 게 보였다. "으잉? 저건 뭐지?" 나는 관경배 선장에게 손가락으로 가리키며 저 물기둥이 뭐냐고 물었다. 선장은 "나도 잘 모르겠으니 한번 가봅시다" 하며 우리 배가 그쪽으로 달려갔다. 점점 가까이 가보니 거기엔 7~8마리 정도 돼 보이는 혹등고래 무리가 있었다. 근데 혹등고래들이 가만히 있는 게 아니고 야단법석이다. 혹등고래의 긴 팔로 물 위를 세게 때리기도 하고 꼬리를 번쩍 들어 물을 내리치기도 했다. 그리고 자기들끼리 몸으로 박치기도 하면서 격렬하게 싸우고 있었다.

이건 누가 봐도 짝짓기를 하고자 한 마리의 암컷고래를 두고 수컷고

혹등고래의 격렬한 몸짓

래들끼리 격렬하게 싸우는 중이라는 걸 금방 알 수 있었다. 그러더니 급기야 혹등고래 한 마리가 물속에서 솟구쳐 오르더니 공중으로 몸을 던져 점프를 하는 게 아닌가, 일순간 관경배에 탔던 관광객들이 와~ 하며 탄성을 지른다. 나도, 촬영 중이던 촬영감독도 서로 마주보며 입을 다물 줄 몰랐다. "햐, 이게 바로 그 유명한 혹등고래의 브리칭이구나" 나는 귀신고래의 브리칭은 멕시코 라군지역에서 몇 번 봤는데 귀신고래의 브리칭과 혹등고래의 브리칭은 차원이 달랐다.

귀신고래는 브리칭할 때 몸의 2/3 정도만 물밖으로 솟으며 점프를 하는데 혹등고래는 꼬리까지 전부 물 위로 솟아올랐다가 그대로 물속으로 떨어졌다. TV에서나 간간이 봤던 혹등고래의 브리칭을 내 눈으로 직접 볼 줄이야, 그런데 한 마리가 뛰니 경쟁이라도 하듯 다른 고래들도 같이 브리칭을 하는 게 아닌가, 이곳은 마치 고래들의 점프실력 경연장 같았다. 그런데 어른 혹등고래의 무게는 30톤, 그 정도 무게의 고래가 물 위로 솟는다는 것도 신기하지만 그 고래 몸뚱이가 물에 떨어질 때 충격과 소리는 실로 어마어마했다.

고래와 우리 배 사이의 거리가 30~40m 정도 됐을까, 고래가 공중으로 솟았다가 물에 떨어질 때 그 충격파가 얼마나 큰지 내 얼굴의 피부가 파르르 떨릴 정도였다. 그런데 혹등고래가 한두 번도 아니고 계속 뛴다. 내 기억으로 눈으로 본 브리칭만 해도 50여 번, 우리 카메라에 찍힌 브리칭

장면만 30회가 넘었을 정도였다.

　통상 고래의 브리칭을 촬영할 때 수면 위로 고래 몸이 솟구쳐 오르고 난 이후의 장면들이 촬영이 되는데 우리의 경우는 달랐다. 우리 앞에서 얼마나 많은 고래들이 점프를 하는지, 그것도 아주 규칙적으로 점프를 하는 바람에 우리 촬영감독이 잔잔한 수면 위에 카메라를 딱 맞추면서 "보이소, 이젠 여기서 뛰어오를 겁니다" 하는 순간, 정말 거짓말처럼 카메라 뷰파인더의 가장 가운데, 그것도 포커스를 딱 맞춰놓은 잔잔한 수

면에서 혹등고래의 코 부분부터 솟아오르는 것이 아닌가, 그러더니 고래는 마치 다이빙선수가 물에 떨어지면서 몸을 비틀어 트위스트를 하는 것처럼 전신을 비틀면서 물에 쾅 떨어지는 게 아닌가, "우와 이거 압권이다!" 우리 촬영팀은 박수를 치며 쾌재를 불렀다. 물론 우리뿐만이 아니고 이날 우리와 함께 관경배를 탄 관광객들도 연신 "오 썸(awesome)!"을 외치며 눈 호강을 했다.

나는 우리를 안내해 준 미국 고래학자의 제자에게 "이런 브리칭을 자주 봅니까?" 하고 물으니 그 제자의 말 "아뇨, 혹등고래 점프는 남쪽 카리브해에서나 볼 수 있고 이곳에선 거의 점프를 하지 않습니다. 저도 이곳에서 고래연구를 오래 했지만 이렇게 혹등고래가 점프하는 것은 오늘 처음 봅니다" 나는 "고래?" 놀라는 척하며 속으론 '으하하, 역시 내 기도빨이 제대로 먹힌게로군'

그런데 혹등고래가 이렇게 하늘로 뛰니 그걸 보려고 우리 주변으로 작은 배들이 하나둘씩 모여드는 게 아닌가, 그런데 그 제자라는 사람이 보트 하나를 가리키며 "저 배에 나의 스

혹등고래를 쫓아 우리 가까이 온 고래 전용 연구선

승인 고래박사님이 타고 있습니다" 그랬다. 원래 나를 도와주기로 했던 그 미국 고래학자, 나를 배신하고 우릴 자기 배에 안태우고 관경배로 보낸 그 학자가 아닌가, 그 학자는 우리를 관경배에 태워 보내고는 자기는 전용연구선을 타고 혹등고래를 찾아 우리 옆까지 온 것이다. 나는 그 배를 향해 가운데 손가락을 치켜세우며 이렇게 외쳤다. "hey ma'am, get out of here! It's my humpback whale."

이제 됐다. 우리를 배신한 미국 고래학자에게 복수도 했으니 이제 돌아가자 하면서 우린 촬영을 마무리 하려는데 갑자기 선장이 다급하게 무전을 받는다. 그는 뭐라 뭐라 통화를 하더니 급히 배를 돌려 속도를 높인다. "무슨 일입니까?" 하고 물으니 "지금 범고래들이 귀신고래를 쫓고 있다고 합니다. 그 현장으로 빨리 가봅시다." 그러는 게 아닌가, "우와~ 당장 가십시다!" 내 속에서 아드레날린이 마구 솟아오르며 나도 흥분되기 시작했다. '햐~ 오늘 고래로 본전 뽑는 날이구나.'

한참을 달린 후, 선장이 손으로 뭘 가리킨다. "뭐지?" 그쪽을 보니 "우~ 와" 범고래 떼가 헤엄치고 있지 않은가, 범고래들은 아주 빠른 속도로 헤

우리가 만난 범고래

엄치고 있었는데 7~8마리 정도 돼보였다. 그런데 물 밖으로 범고래 눈 주변의 흰무늬가 보일 때마다 킬러 훼일이라는 이름처럼 좀 섬뜩한 느낌도 들었다. 하기야 현재 지구상에 존재하는 바다동물 중에서 이 범고래를 이길 수 있는 동물은 없다. 범고래의 이빨 앞에선 바다의 포식자라는 백상아리조차 꼼짝 못할 정도가 아닌가.

범고래가 등장하는 영화 '프리윌리'에선 주인공 범고래의 등지느러미가 굽어 있지만 야생에서의 범고래는 등지느러미가 곧게 위로 뻗어있다. 그런데 그 등지느러미의 높이가 무려 1.5m를 넘는다. 헤엄치는 범고래의 등지느러미가 물 밖으로 솟아오를 땐 배에 타고 있는 나로서도 '야무섭다'는 생각이 절로 들 정도였다. 범고래 가족은 우리와 한참이나 같이 헤엄치다가 사라져 갔다. 일본 타이지의 고래 쇼장에서 범고래를 보긴 했지만 야생에서 살아있는 범고래는 차원이 달랐다. 내 눈으로 살아있는 범고래를 직접 보다니.

범고래랑 계속 달리면 귀신고래도 만날 수 있을 것 같았지만 선장이 배를 항구로 돌린다. 돌아갈 시간이라는 것이다. 관경배의 운항시간은

우릴 관경배로 안내해 준
미국학자의 제자

딱 두 시간, 그 두 시간 만에 그만큼 많은 고래들을 보다니, 이건 기적이었다. 돌아오는 배에서 우리를 안내해준 미국인 고래학자의 제자가 내게 말했다. "여러분들은 내셔널 지오그래픽 방송촬영팀이 7년 동안 여기 머물면서 촬영한 고래보다 오늘 더 많은 고래를 촬영하신 겁니다."

저 멀리 태평양 바다를 바라보며 나는 속으로 외쳤다. '하느님, 고래를 보내주셔서 고맙습니다' 우리 촬영팀은 육지에 도착해서 정말 기분 좋은 점심을 먹고 캘리포니아 101번 고속도로를 타고 집에 갈 비행기가 기다리는 LA로 출발했다. 나중에 우리 방송영상을 보고 몬트레이를 찾았던 방송사가 있었다. 그들은 우리처럼 많은 고래를 만나지 못했는지 몬트레이의 고래수족관에 사는 고래들만 잔뜩 찍고 돌아갔다고 한다. 나는 몬트레이에 고래수족관이 있는 줄도 몰랐다.

필자와 최석윤 촬영보조, 김능완 촬영감독

촬영보조 최석윤 군

촬영 중인 김능완 촬영감독

필튼만의 평원을 배경으로, 필자

글을 맺으며

"왜 하필 귀신고래입니까? 혹등고래나 범고래가 더 멋지지 않습니까?" 다큐멘터리로 귀신고래를 제작한다고 하니까 만나는 사람마다 한결같이 이 질문을 했다. 그럴만도 하다. 사실 귀신고래는 다른 고래에 비해 덩치가 큰 것도 아니고 물속 생활에서도 눈에 확 띄게 재미있는 것도 없다. 그런데 많은 제작비를 들여 귀신고래를 찍게 된 이유는 "한국귀신고래"가 있기 때문이었다.

한국귀신고래 라는 이름은 한국 사람들에게도 생소하다. 내 주변 사람들에게 물어봐도 한국귀신고래의 존재를 아는 이가 거의 없다. 지구상에 존재하는 가장 큰 생물인 고래 중에 '한국'이라는 이름을 가진 고래가 있다는 것만으로도 한국사람들에겐 얼마나 큰 축복인가, 그런데도 한국이란 나라 안에 한국귀신고래에 대한 영상이나 사진 하나 없다는 게 말이 되는가, 나는 한국귀신고래의 존재를 우리 국민에게 알리는 것이 바로 방송인으로서 내가 해야 할 큰 사명인 양 한국귀신고래를 내 다큐멘터리의 소재로 확고히 정하게 됐던 것이다.

더욱이 귀신고래 이름에 '한국'이라는 나라이름이 붙게 된 연유를 찾아가다보면 자연스레 고래의 분포와 회유, 고래의 생활모습 또 고래잡이의 역사들이 줄줄이 엮여 나오지 않겠는가, 그리고 멸종위기에 처한 한국귀신고래를 통해 우리 바다환경의 문제도 지적할 수도 있지 않겠는가, 이만큼 매력적인 다큐멘터리 소재가 또 어디 있을까?

한국바다에서 귀신고래가 사라지면서 이제 해양포유류 학계에서도 '한국귀신고래' 라는 이름을 언급하는 빈도가 점차 줄고 있다. 한국귀신고래가 점차 잊혀지고 있는 것이다. 그러나 아시아 쪽의 귀신고래는 대부분 한국바다에 존재했음을 과거의 포경기록이 잘 말해준다. 이제 우리 대한민국 국민들이 한국귀신고래를 찾아 나설 때다. 우리 땅 독도만 가도 사람들은 환호성을 지르며 감격해 하듯이 이제는 한국귀신고래를 발견하고 감동하는 우리가 되었으면 한다.

사실 한국귀신고래의 회유와 번식은 오늘날 고래학자들조차 풀지 못하는 숙제다. 한국귀신고래가 어디서 짝짓기를 하며 어디서 새끼를 낳는지 본 사람이 아무도 없다. 그래도 한 가지 확실한 건 한국귀신고래는 비록 소수이긴 하지만 지금 우리와 함께 엄연히 존재하고 있다는 사실이다.

푸른 동해에서 귀신고래가 "푸아~" 하며 힘찬 숨소리와 함께 하늘 높이 분기(噴氣)를 뿜어 올릴 때, 그것은 우리바다의 생태계를 회복하는 것이요 '동해' 라는 우리바다의 이름을 널리 알리는 일이며 잃어버린 우리 자연사의 한 페이지를 다시 찾는 순간이 될 것이다.

2025년 9월
저자 이영훈

감수(監修)의 말

이 책은 귀신고래의 생태와 생활사, 한반도 연안에서의 역사와 사라져 가는 과정, 사할린에서의 재발견과 국제 조사, 현재의 위기와 보전 문제, 그리고 울산과 고래의 문화적 맥락을 아우르는 기록이다. 이는 2004년 방영된 창사특집 <울산MBC 다큐멘타리 '귀신고래'(2부작)>와 제57차 IWC 연례회의 울산개최를 기념한 <울산MBC 다큐멘터리 '한반도 일만년의 고래'(2005년)>를 제작한 저자의 탐사적 현장 촬영, 과학자들과 관계자들의 인터뷰가 어우러져, 학술성과 대중성이 결합된 저작이다.

다큐 <귀신고래(2부작)>은 1974년 멸종됐을 가능성이 있다고 국제학술지에 보고된 한국귀신고래를 국내 방송사 최초로 사할린 필튼만 현지에서 촬영하였고, 대비하여 1890년대 과도 포획으로 멸종위기에 처했던 캘리포니아 귀신고래의 회복 성공 사례를 현장 취재하였다. 다큐 <한반도 일만년의 고래>는 선사시대 반구대 암각화의 고래들로 부터 1899년 이래 포경기지였던 울산 장생포의 1985년까지를 역사와 문화적 맥락에서 조명하였다.

본인은 2004년 신설된 국립수산과학원 고래연구센터의 책임자로서 지극히 소외된 고래자원 조사연구 분야가 방송을 타고 일반인들에게 알려질 수 있는 계기가 될 것임을 기대하고, 저자에게 자료와 지식, 조언, 그리고 인터뷰를 제공한 바 있다. 사실 1986년 상업포경 모라토리엄 이후, 국제포경위원회 (IWC)와 관련한 우리나라의 고래자원 보존과 관리에 관한 모든 실무를 부수적 업무로서 맡은 터였다.

이후, 20년 조금 못 미치는 IWC 관련 업무 경력으로 2001년 IWC의 서북태평양 귀신고래 보존을 위한 결의(Resolution) 채택, 조사 필요 워크숍(2002년 10월)과 제57차 IWC 연례회의를 울산에 유치하는데 관여하였다. 이렇게 개최된 IWC 울산 회의는 귀신고래의 회복과 보존을 위한 회유로 국가들(한국, 일본, 러시아, 중국, 북한)의 조사협력을 결의하였고, 고래연구소의 승격과 울산 장생포로 이전, 체계적인 목시조사(目視調査)를 포함한 우리나라 바다의 고래자원조사의 기초를 다지는 계기가 되었다.

고래자원 조사와 연구는 보존과 관리를 위해 관리자에게 자문 혹은 권고하기 위한 것이다. 고래류 종별 자원의 량(개체수)과 동태(번식, 이동, 성장, 사망)을 추정할 수 있는 자료를 수집하고, 분석하여, 지속가능 수준 여부(자원상태)를 관리자(국가)에게 보고하는 일을 자원평가라고 한다. 국제협약상 국가는 이 보고를 과학적 근거로 보존과 관리조치를 취해야 한다. 우리나라는 1962년도에 자료수집에 관한 국내법(규칙)이 제정되었으며, 자원평가 전반에 관한 국제법 적용은 1979년 우리나라의 국제포경규제협약 가입 때부터이다.

우리나라의 역사상 포경자료를 이용하여 1979년부터 IWC 과학위원회 한반도 주변수역의 밍크고래 자원상태 분석에 참석한 최초의 과학자는 당시 국립수산진흥원 원양자원 과장이었던 공영 박사였다. 그러나 1986년 상업포경 모라토리엄으로 이 연구도 단절되었다. 1988년부터 천신만고 끝에 2004년 한반도 연해의 역사적 고래류 자원을 조사하는 고래연구센터를 확보하였다. 이 이야기를 하는 것은 고래류를 보호하고, 보존관리 하려면 자원평가 과학이 필수라는 것을 독자들에게 이해시키고 싶기 때문이다. 취미로 하는 개인적 고래연구와 법과 지침으로 규정된 〈고래자원 조사와 연구〉는 구분되어야 한다는 것을 설명하기 위한 것이다.

고래자원 조사와 연구는 고래류의 종별 절대 개체수 추정을 위한 목시조사와 그 추정 오차 분석, 이동과 회유 범위와 형태, 연령과 성장, 사망률, 해양생태계 먹이 사슬에서 위치와 역할 그리고 기후변화의 반응을 포함한다. 고래류는 적도와 고위도 사이의 먼 거리를 이동하며 여러 나라의 배타적 경제수역을 통과한다. 따라서 UN 해양법 협약 65조(해양포유류)는 조사연구와 이용은 국제기구를 통하여 국가들이 협력할 것을 규정하고 있다.

법과 제도에 의해 의무화된 과학을 법정과학(mandated science)이라고 정의하고 있다. 법정과학은 주로 개별 연구자들이 개별 지식을 생산하는 전통적인 모드 1-과학(Mode 1-Science)과는 달리, 실제 사회적 문제를 해결하기 위하여, 현장에서, 다양한 이해관계자와 함께, 지식을 생산하는 모드 2-과학(Mode 2-Science)의 맥락이다. 또한 불확실성이 크고, 이해관계자의 가치관이 충돌하며, 정책 결정이 시급한 상황에서 과학적 근거를 제공해야 하는 포스트-노멀 과학(Post-normal Science)의 맥락이다.

또한, 고래류와 같은 대형 해양포유류 자원의 보존과 관리는 UN 해양법 협약(UNCLOS), 국제포경위원회(IWC), CITES(멸종위기종 국제거래 협약)을 통해 체계적으로 제도화되어 있다. 제도는 단순한 규칙이 아니라 과학과 정책이 맞물려 순환하는 구조로 작동한다. 국별 자료수집과 분석, IWC 과학위원회의 자원평가와 자문, IWC 총회의 정책결정, 국가별 집행과 감시 체계로 연결되는 순환과 피드백이다.

보존과 관리의 순환 피드백에서 자료수집, 목시조사, DNA 염기서열, 혼획량, 자연사망, 연령, 성장, 분포, 이동, 자원평가, 관리절차, 각종 프로토콜과 매뉴얼 등이 도구적인 행위자들이다. 이 도구를 통하여 관리자, 이해관계자, 과학자, NGO 등이 협업한다. 자원평가 결과와 권고를 포함, 정책 결정을 위해 자문하는 기능과 조직은 보존관리 제도의 작동에서 가장 중요한 기능이다. 과학적 권고를 정책결정자들에게 번역하고, 정책의 목표를 과학자들에게 번역한다. 또한 필요한 새로운 도구들과 매뉴얼을 만든다.

이 책의 내용을 이러한 고래자원 조사와 연구의 틀 속에서 살펴볼 것을 권한다. 귀신고래의 생활사는 늦은 가을과 겨울 사이 울산 앞 연안을 거쳐 남쪽으로 이동하여 겨울철 울산 앞바다와 멀지 않은 남해상에서 새끼를 낳고 여름철에 봄철에 오호츠크해 사할린 필툰만 등에서 먹이활동을 한다. 이는 지금으로부터 약 8,000~5,000만 년 전부터 귀신고래가 생존을 위해 선택하고 습관화한 생활사이다.

캘리포니아계 귀신고래의 예로 들면, 성육장과 번식장간의 거리가 약 일만 km로 대형 고래류 중 가장 멀리 이동한다. 여름철에 그렇게 찾아간 베링해, 약 30m의 수심 얕은 바닥의 모래+펄질 속을 파헤쳐 1cm도 안 되는 작은 옆새우류(Amphipoda)를 걸러 먹는다. 이 특이한 먹이습성은 지구 대양에서 다른 대형 고래류와 먹이 경쟁을 피하기 위한 선택적 전략이다.

이 먹이습성은 해저 퇴적물을 뒤집어 저서(低棲)생물을 섭취하면서 형성되는 구덩이(Whale Pit)는 영양염과 유기물을 수중으로 방출해 물질순환을 촉진하고, 다른 어류나 바닷새에게 먹이 기회를 제공한다. 또한 이 구덩이는 다양한 저서생물이 정착할 수 있는 새로운 서식처가 되어 종(種) 다양성을 높이는 생태계의 엔지니어적 역할을 한다.

선사시대 반구대 암각화의 상징적 고래이자 역사적 기록으로 가장 많은 포획실적이 있었던 울산 인근 동해남부 연안에서 1977년 마지막으로 더 이상 목격되지 않고 있다. 반면, 2003년 NHK 촬영 시즈오카 해역 귀신고래 유영 영상을 포함하여 일본 태평양측 연안에서 여러 차례의 출현 보고가 있다.

또한 1980년대 남중국해인 중국의 하이난섬과 발해만의 요동반도 해안에서도 유영하는 것이 보고된 바 있다. 미국 해군의 수동 음향 감지 시스템에 의한 동중국해의 귀신고래로 판별된 소리를 여러 차례 포착한 바 있음이 2016년 IWC 보존위원회에 보고되었다. 이 음향수신 지역은 제주도 남서방으로부터 동중국해 남쪽으로 연결되어 있는, 수심 50m 이하의 얕은 수심과 겨울철 수온이 섭씨 13~16도 사이의 귀신고래 번식수온에 적합하다.

2015년 2월 강원 삼척 원덕 앞바다(삼척화력발전소 인근)에서 촬영된 유튜브 영상이 2017년 10월에 연구자들에게 알려졌고, 국내·국외 전문가들의 검토 결과 명확한 종(種) 동정(同定, 생물의 종을 판별하고 분류하는 과정)은 어렵지만 귀신고래일 가능성이 가장 높다고 판단되어 IWC 과학위원회에 그 보고서가 제출된 바 있다.

본인은 1990년대에 대형 어업자원 시험선 조사를 수십 차례 수행하였으나, 돌고래나 고래류를 조우 한 적이 없다. 그러나 2000년 IWC 과학위원회의 표준 및 승인된 체계적인 고래자원 목시조사를 수행하였고, 그 결과는 우리나라 대표방송 3사의 9시 뉴스 타이틀로 방영된 바와 같다. 많은 횟수의 밍크고래와 돌고래류들을 발견할 수 있었다. 조사 내용과 방법의 차이라고 설명할 수 있다.

저자가 귀신고래를 찾아 방문하였던 곳, 사할린 필툰만과 베링해의 성육장(成育場), 바하캘리포니아의 번식장은 고래류 자원 보존관리 제도와 이를 뒷받침하는 법정과학이 체계적으로 이행되는 곳이다. 국제 포경규제 협약과 부속서 및 IWC 과학위원회의 지침에 따라, 관련 이해관계자가 모두 참여하여 고래자원의 보존과 지속성을 유지하기 위한 모드 2-과학적 법정과학의 맥락에서 자료를 수집하고, 분석하며, IWC 과학위원회의 과학자문에 따라 정책 결정 기구인 IWC 연례회의가 결정한 정책을 국가들이 이행하고 있는 것이다.

최근 우리바다에는 반구대 암각화의 긴수염고래와 대형 고래류(향고래, 혹등고래, 참고래, 보리고래 등)가 드물게 관찰되고 있다. 그러나 많은 경우가 그물에 얽히거나 사망한 채로 관찰된 것이다. 법·제도적으로 자료 수집과 분석, 자원평가와 과학자문, 정책결정과 이행의 순환적 피드백

제도가 확립되어야만 우리바다의 대형 고래류들을 외국의 사례와 같이 유영하는 모습으로 조우할 수 있을 것이다.

20년 전 저자가 프로그램에서 인터뷰한 모든 과학자들이 현재도 고래자원조사와 연구를 수행하고 있다. 소위 선진국이라고 일컫는 나라에서는 어업자원관리를 담당하는 행정관료들도 최소 십수 년간 업무를 유지하고, 과학자들은 평생토록 연구한다. 반면 한국의 행정 조직은 2~3년, 심지어 연구 조직도 최대 5년을 넘지 않도록 근무지를 순환하는 문화와 관습을 가지고 있다. 이 경우 보존과 관리제도의 순환피드백 기능은 단절이 초래된다.

자원평가와 과학자문 분야는 기술적 숙련에 도달하는 데 많은 시간이 소요되며 정책을 마련하고 결정하는 행정관료들을 보좌해야 한다. 또한 UN 해양법 협약에서 규정한 바와 같이, 고래류는 국제기구를 통하여 조사연구해야 하므로, 한국 귀신고래의 경우, 서북태평양 회유 경로와 동부태평양 귀신고래 회유로 인접 국가들과도 협력해야 한다. 이러한 법정연구 수요와 제도의 작동을 뒷받침할 수 있도록 법적 조직(자원평가 연구소, 과학과 정책 자문 기구)과 인력이 구축되어야 한다.

고래와 역사와 문화적 맥락에서 울산시는 장생포 지역을 중심으로 고래문화 특구 설치와 고래의 상징물을 적극 활용하고 있다. 그러나 중앙정부가 울산 귀신고래 회유해면을 천연기념물로 지정하였으나 그 해면에 대한 정책이 없는 것은 안타깝다. 울산 귀신고래 회유해면(생태), 반구대 암각화(문화), 장생포 고래문화특구(산업)를 해양공간계획의 다층적 구역 체계로 통합하면, "해양생태+문화경관+산업관광이 결합된 복합관리 모델"을 만들 수 있다. 이는 국제적으로도 EBFM(생태계 기반 어업관리)+

해양공간계획+문화유산 관리가 결합된 독창적인 사례가 될 수 있을 것이다.

 이 책이 안내하는 지식과 탐험을 통하여, 한반도 바다의 자연 유산인 귀신고래를 포함한 반구대 암각화의 대형 고래류를 회복시켜 미래 세대에게 전해주고, 울산과 고래의 역사 문화적 맥락을 사회·경제적 가치를 생산할 수 있는 영감을 독자들에게 줄 수 있을 것으로 기대한다.

지속가능어업 자문연구센타 김장근

〈참고문헌〉

- 박구병, 한반도 연해포경사 1987년
- 김장근, 울산과 고래, 국립수산과학원 고래연구소
- 황상일, 윤순옥, 울산 태화강 중·하류부의 Holocene(충적세) 자연환경과 선사인의 생활변화 2000년 10월 한국고고학보 43집
- 신형일 김장근 외, 귀신고래 수중명음 특성 연구, 2004년 8월 한국 어업기술 학회지
- 우리바다 대형고래의 역사적 포획량, 국립수산과학원 고래연구소
- Roy Chapman Andrews, Ends of The Earth, 1929년 national travel club
- Roy Chapman Andrews, Exploring Unknown Corners of the Hermit Kingdom, 1919년 7월 The National Geographic Magazine
- Roy Chapman Andrews, Rediscovering an "Extinct" Whale
- Katsuaki Morita, Japanese Whalers in Korean Waters
- 제이콥 로버츠(Jacob Roberts), Whales in Space Chemical 2014년 1월 Heritage Foundation Magazine
- 울산MBC, HD다큐멘터리<귀신고래(2부작)> 2005년 11월
- 울산MBC, 다큐멘터리<한반도 일만년의 고래> 2006년 11월
- 울산MBC, UHD다큐멘터리<인류최초의 사인(sign), 선사인의 바위그림> 2015년 2월

〈인터뷰해 주신 분〉

- 김장근 박사, 국립수산과학원
- 손호선 박사, 국립수산과학원
- 김현우 박사, 국립수산과학원
- 박겸준 연구관, 국립수산과학원 고래연구소
- 故박구병 교수, 국립부경대학교
- 임세권 교수, 안동대 사학과
- 신형일 교수, 국립부경대학교
- 이유원 교수, 국립부경대학교
- 민덕기 교수, 울산대학교 토목공학과
- 김영래 교수, 좌계학당
- 주태화, 고래해체 전문가
- 김상복, 포경선 포수생활 30년
- 드미트리 블라디미르, 러시아 추코트의 고래사냥꾼
  Dmitry Vladimirov (whaler)
- 그리샤 치둘코, 러시아 해양포유류 연구자
  Grigory Tsidulko (Marine Mammal Program Coordinator, International Fund for Animal Welfare, Russia)
- 에이미 랭, 미국 남서수산연구소 *사할린의 귀신고래 유전자 분석자
  Amy Rang (Southwest Fisheries Science Center, USA)
- 니에라 마우리시오 박사, 멕시코 라파즈대학 해양생물학과
  Niera Mauricio. Ph.D (University of Lapaz, Department of Marine Creatures)
- 마르띤 도미니게스, 바하캘리포니아주 생태보호국장
  Martin Dominguez (director of Ecology Preservation Center)
- 호세 헤수스, 멕시코 고고학자
  Jose Jesus (Mexico archeologist)

- 데이브 웰러, 미국 남서수산연구소 소속의 고래학자

  Dave W. Weller, Ph.D (National Marine Fisheries Service, NOAA, Southwest Fisheries Science Center, USA)

- 웰리엄 그린 관장, 미국 위스콘신주 벨로이트대학 박물관

  William Green (Director of Beloit Museum of Anthropology)

- 앤 보솜, 로이 체프먼 앤드류스의 전기작가

  Ann Bossom (writer of children's books on American history)

- 리차드 크로포드, 미국 샌디에이고 공립도서관 관장

  Richard Crawford (curator of special collections at San Die해 Public Library)

- 데이빗 루, 미국 해양포유류 연구소

  David Rugh (National Marine Mammal Laboratory, USA)

- 웨인 페리만 박사, 미국 해양포유류 연구소

  Wayne Perryman (NOAA, National Marine Mammal Laboratory)

- 브리짓 왓트, 미국 모스 랜딩 해양연구소

  Bridget Watt (Moss Randing Marine Mammal Center)

- 존 콜롬보키드 박사, 미국 캐스캐디아 연구소

  John Calambokidis (Research Biologist at Cascadia Research Center)

- 닐 맥다니엘, 캐나다 수중촬영 전문가

  Mill McDaniel (specialist in underwater filming)

- 히데히로 가또 박사, 일본원양수산연구소

  Hidehiro Kato, Dh.D (Marine Fisheries Laboratory, Japan)

- 라스 왈뢰에 교수, 오슬로대학

  Prof. Lars Walloe (University of Oslo)

- 토레 하우그 박사, 트롬쇠대학 해양연구소

  Tore Haug (Marine Research Institute)

⟨사진 및 그림 제공⟩

- 방송영상 사진 : 울산MBC
- 장생포 포경 사진 : 울산고래박물관
- 로이 채프만 앤드류스 사진 : 미국 위스콘신주 벨로이트대학 박물관
- 고래 일러스트레이션 : 한글그라픽스
- 반구대 암각화 사진 : 사진작가 백성욱
- 고래그림: 화가 누상촌(樓上村)

⟨도움을 준 기관⟩

- 울산MBC
- 국립수산과학원 고래연구소
- 울산고래박물관
- 국립부경대학교
- 멕시코 라파즈대학 해양생물학과
- 미국남서수산연구소
- 일본원양수산연구소
- 노르웨이 트롬쇠대학
- 노르웨이 오슬로대학
- 북대서양 해양포유류 위원회(NAMCO)
- 울산고래문화재단
- 울산암각화박물관
- 한글그라픽스
- 방일영문화재단

한국귀신고래를
아십니까?

초판 1쇄	2025년 10월 14일
초판 발행	2025년 10월 23일

지은이	이영훈
발행인	김재광
편 집	바다, 임성희
디자인	임성희
발행처	솔과학
등 록	제10-140호(1997년 2월 22일)
주 소	서울특별시 마포구 염리동 164-4 삼부골든타워 302호
문 의	전화 02-714-8655 팩스 02-711-4656
	E-mail_ solkwahak@hanmail.net

ISBN 979 11 7379 037 9 03490

ⓒ 솔과학, 2025
값 30,000원

이 책은 저작권법에 따라 보호받는 저작물이므로 무단전재와 복제를 금지하며, 이 책의 내용 전부 또는 일부를 이용하려면 반드시 저작권자와 도서출판 솔과학의 서면 동의를 받아야 합니다.